“在实践中成长”丛书

ZigBee技术开发
CC2530单片机原理及应用

QST青软实训　编著

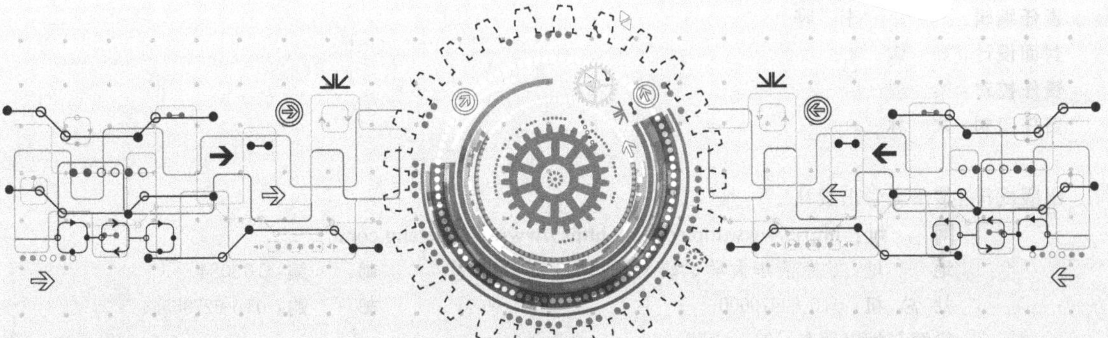

清华大学出版社
北京

内容简介

本书从 ZigBee 技术硬件资源出发，主要讲解支撑 ZigBee 技术的核心芯片 CC2530 的开发与应用。全书共分为 6 章，第 1 章为 ZigBee 技术概述，主要讲解 ZigBee 基础知识及应用，介绍了常用的 ZigBee 芯片和协议栈；第 2 章为开发环境，讲解了 CC2530 开发的软硬件环境，以及调试方法；第 3 章为硬件设计，讲解了硬件设计方法及开发板的使用；第 4 章为 CC2530 基础开发，讲解了通用 I/O、振荡器和时钟的设置、ADC 的采集的使用；第 5 章为 CC2530 进阶开发，讲解了 CC2530 串口、DMA、定时器使用；第 6 章为 CC2530 无线射频，主要讲解了 CC2530 的无线发送和接收。

本书使用实践为主、理论为辅、实践与理论相结合的方式，深入浅出地讲解了 CC2530 的开发与应用，以期全面提高读者的实际动手能力。本书既适合作为高等院校物联网工程、通信工程、电子信息工程、自动化等专业相关课程的教材，也适合作为 ZigBee 技术开发者的参考书。

图书在版编目(CIP)数据

ZigBee 技术开发：CC2530 单片机原理及应用/QST 青软实训编著. —北京：清华大学出版社，2015
(2024.12重印)
(“在实践中成长”丛书)
ISBN 978-7-302-40072-1

Ⅰ. ①Z… Ⅱ. ①Q… Ⅲ. ①单片微型计算机－教材 Ⅳ. ①TP368.1

中国版本图书馆 CIP 数据核字(2015)第 089666 号

责任编辑：刘 星 李 晔
封面设计：刘 键
责任校对：梁 毅
责任印制：宋 林

出版发行：清华大学出版社
　　网 址：https://www.tup.com.cn, https://www.wqxuetang.com
　　地 址：北京清华大学学研大厦 A 座　　**邮 编**：100084
　　社 总 机：010-83470000　　**邮 购**：010-62786544
　　投稿与读者服务：010-62776969，c-service@tup.tsinghua.edu.cn
　　质量反馈：010-62772015，zhiliang@tup.tsinghua.edu.cn
　　课件下载：https://www.tup.com.cn，010-83470236
印 装 者：三河市君旺印务有限公司
经 销：全国新华书店
开 本：185mm×260mm　**印 张**：13.5　**字 数**：331 千字
版 次：2015 年 6 月第 1 版　**印 次**：2024 年12月第12次印刷
印 数：17801～18600
定 价：39.00 元

产品编号：064393-01

丛书序言

当今 IT 产业发展迅猛，各种技术日新月异，在发展变化如此之快的年代，学习者已经变得越来越被动。在这种大背景下，如何快速地学习一门技术并能够做到学以致用，是很多人关心的问题。一本书、一堂课只是学习的形式，而真正能够达到学以致用目的的则是融合在书及课堂上的学习方法，使学习者具备学习技术的能力。

QST 青软实训自 2006 年成立以来，培养了近 10 万 IT 人才，相继出版了“在实践中成长”丛书，该丛书销售量已达到 3 万册，内容涵盖 Java、.NET、嵌入式、物联网以及移动互联等多种技术方向。从 2009 年开始，QST 青软实训陆续与 30 多所本科院校共建专业，在软件工程专业、物联网工程专业、电子信息科学与技术专业、自动化专业、信息管理与信息系统专业、信息与计算科学专业、通信工程专业、日语专业中共建了软件外包方向、移动互联方向、嵌入式方向、集成电路方向以及物联网方向等。到 2016 年，QST 青软实训共建专业的在校生数量已达到 10 000 人，并成功地将与 IT 企业技术需求接轨的 QST 课程产品组件及项目驱动的教学方法融合到高校教学中，与高校共同培养理论基础扎实、实践能力强、符合 IT 企业要求的人才。

一、“在实践中成长”丛书介绍

2014 年，QST 青软实训对“在实践中成长”丛书进行全面升级，保留原系列图书的优势，并在技术上、教学和学习方法等方面进行优化升级。这次出版的“在实践中成长”丛书由 QST 青软实训联合高等教育的专家、IT 企业的行业及技术专家共同编写，既涵盖新技术及技术版本的升级，同时又融合了 QST 青软实训自 2009 年深入到高校教育中所总结的 IT 技术学习方法及教学方法。“在实践中成长”丛书包括：

- 《Java 8 基础应用与开发》
- 《Java 8 高级应用与开发》
- 《Java Web 技术及应用》
- 《Oracle 数据库应用与开发》
- 《Android 程序设计与开发》
- 《Java EE 轻量级框架应用与开发——S2SH》
- 《Web 前端设计与开发——HTML+CSS+JavaScript+HTML5+jQuery》
- 《Linux 操作系统》
- 《Linux 应用程序开发》
- 《嵌入式图形界面开发》
- 《Altium Designer 原理图设计与 PCB 制作》
- 《ZigBee 技术开发——CC2530 单片机原理及应用》
- 《ZigBee 技术开发——Z-Stack 协议栈原理及应用》
- 《ARM 体系结构与接口技术——基于 ARM11 S3C6410》

二、“在实践中成长”丛书的创新点及优势

1. 面向学习者

以一个完整的项目贯穿技术点，以点连线、多线成面，通过项目驱动学习方法使学习者轻松地将技术学习转化为技术能力。

2. 面向高校教师

为教学提供完整的课程产品组件及服务，满足高校教学各个环节的资源支持。

三、配套资源及服务

QST青软实训根据IT企业技术需求和高校人才的培养方案，设计并研发出一系列完整的教学服务产品——包括教材、PPT、教学指导手册、教学及考试大纲、试题库、实验手册、课程实训手册、企业级项目实战手册、视频以及实验设备等。这些产品服务于高校教学，通过循序渐进的方式，全方位培养学生的基础应用、综合应用、分析设计以及创新实践等各方面能力，以满足企业用人需求。

读者可以到锐聘学院教材丛书资源网(book.moocollege.cn)免费下载本书配套的相关资源，包括：

- 教学大纲
- 教学PPT
- 示例源代码
- 考试大纲

建议读者同时订阅本书配套实验手册，实验手册中的项目与教材相辅相成，通过重复操作复习巩固学生对知识点的应用。实验手册中的每个实验提供知识点回顾、功能描述、实验分析以及详细实现步骤，学生参照实验手册学会独立分析问题、解决问题的方法，多方面提高学生技能。

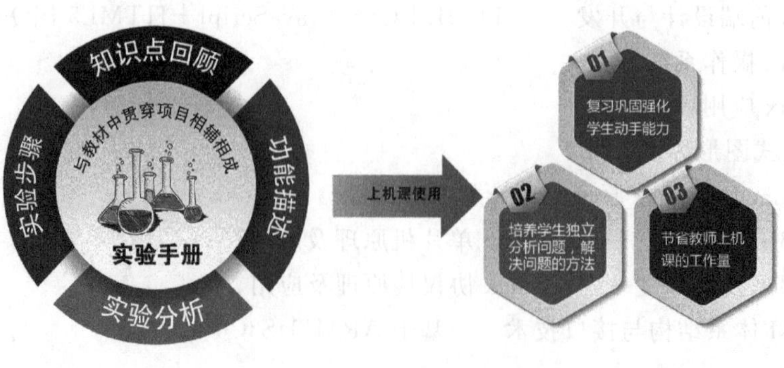

实验手册与教材配合使用，采用双项目贯穿模式，有效提高学习内容的平均存留率，强化动手实践能力。

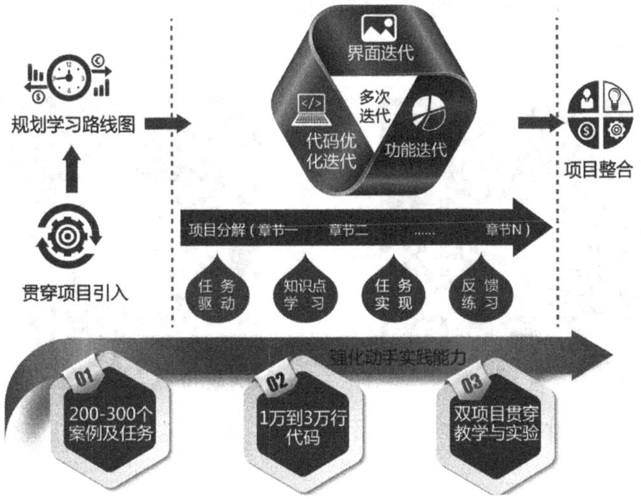

读者还可以直接联系 QST 青软实训，我们将为读者提供更多专业的教育资源和服务，包括：

- 教学指导手册；
- 实验项目源代码；
- 丰富的在线题库；
- 实验设备和微景观沙盘；
- 课程实训手册及实训项目源代码；
- 在线实验室提供全实战演练编程环境；
- 锐聘学院在线教育平台视频课程，线上线下互动学习体验；
- 基于大数据的多维度"IT 基础人才能力成熟度模型（ITBCMMI）"分析。

四、锐聘学院在线教育平台（www.moocollege.cn）

锐聘学院在线教育平台专注泛 IT 领域在线教育及企业定制人才培养，通过面向学习效果的平台功能设计，结合课堂讲解、同伴环境、教学答疑、作业批改、测试考核等教学要素进行设计，主要功能有学习管理、课程管理、学生管理、考核评价、数据分析、职业路径及企业招聘服务等。

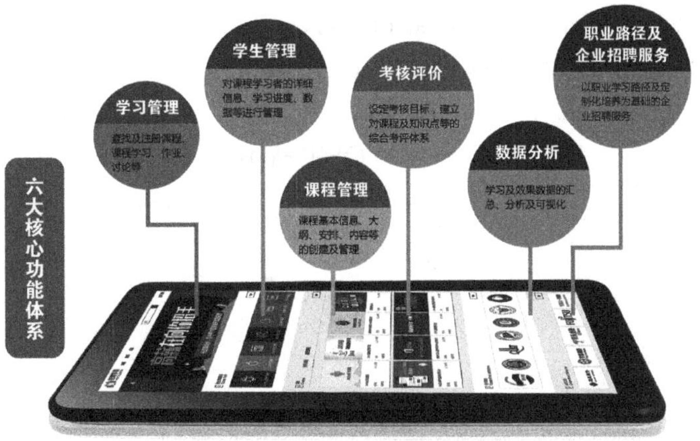

平台内容包括了高校核心课程、平台核心课程、企业定制课程三个层次的内容体系，涵盖了移动互联网、云计算、大数据、游戏开发、互联网开发技术、企业级软件开发、嵌入式、物联网、对日软件开发、IT及编程基础等领域的课程内容。读者可以扫描以下二维码下载移动端应用或关注微信公众平台。

锐聘学院移动客户端　　　　锐聘学院微信公众平台

五、致谢

“在实践中成长”丛书的编写和整理工作由QST青软实训IT教育技术研究中心研发完成，研究中心全体成员在这两年多的编写过程中付出了辛勤的汗水。在此丛书出版之际，特别感谢给予我们大力支持和帮助的合作伙伴，感谢共建专业院校的师生给予我们的支持和鼓励，更要感谢参与本书编写的专家和老师们付出的辛勤努力。除此之外，还有QST青软实训10 000多名学员也参与了教材的试读工作，并从初学者角度对教材提供了许多宝贵意见，在此一并表示衷心感谢。

在本书写作过程中，由于时间及水平上的原因，可能存在不全面或疏漏的地方，敬请读者提出宝贵的批评与建议。我们以最真诚的心希望能与读者共同交流、共同成长，待再版时能日臻完善，是所至盼。

联系方式：

E-mail：QST_book@itshixun.com

400电话：400-658-0166

QST青软实训：www.itshixun.com

锐聘学院在线教育平台：www.moocollege.cn

锐聘学院教材丛书资源网：book.moocollege.cn

QST青软实训IT教育技术研究中心

2016年1月

前言

本书以学习美国得州仪器公司的CC2530芯片以及Z-Stack协议栈为主线，是一本注重培养读者学习能力及动手能力的书。本丛书分为《ZigBee技术开发——CC2530单片机技术原理及应用》和《ZigBee技术开发——Z-Stack协议栈原理及应用》。在《ZigBee技术开发——CC2530单片机技术原理及应用》一书中，以CC2530开发板为基础，配合传感器学习CC2530芯片各部分的开发与应用；在《ZigBee技术开发——Z-Stack协议栈原理及应用》一书中，将CC2530开发板与Z-Stack协议栈结合起来，学习Z-Stack协议栈的开发与应用。全书以贯穿项目为主导，注重实践，将各个知识点分解，便于读者更深刻地理解和掌握ZigBee软硬件的开发与应用。全书配套的硬件资源如下：

1. 项目简介

智能家居环境信息采集系统项目是一个基于ZigBee的信息采集系统，本系统的实现由浅至深分为两部分：CC2530控制传感器部分以及Z-Stack信息采集部分。

- CC2530控制传感器：主要任务是使用CC2530单片机实现对温度传感器DS18B20和光敏电阻进行控制采集温度信息和光照信息。
- Z-Stack信息采集部分：主要任务是对信息采集的节点进行组网，实现远距离数据采集和传输。

ZigBee信息采集系统可以对多种环境进行数据采集，如路灯检测系统、森林防火系统、城市交通系统等。

2. 贯穿项目模块

智能家居环境信息采集系统的实现穿插到《ZigBee技术开发——CC2530单片机技术原理及应用》和《ZigBee技术开发——Z-Stack协议栈原理及应用》的所有章节中，每个章节在前一章节的基础上进行任务实现，对项目逐步进行迭代、升级，最终形成一个完整的项目。其中，《ZigBee技术开发——CC2530单片机技术原理及应用》是基于CC2530控制传感器采集环境信息的实现部分，《ZigBee技术开发——Z-Stack协议栈原理及应用》是基于信息采集的节点进行组网，实现远距离数据采集和传输。智能家居环境信息采集系统示意图如下：

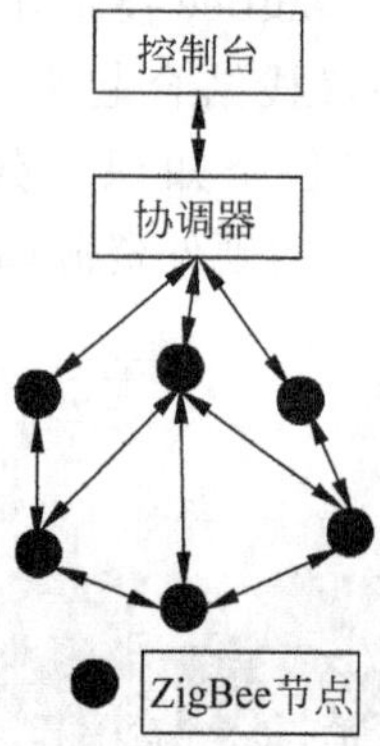

ZigBee节点(主要核心模块为CC2530)负责采集数据信息，信息采集完成之后通过ZigBee组网进行无线传输至协调器，协调器将数据整合之后发送至控制台。

除此之外，与本书配套的还有实验手册，供学生实验课使用，便于学生对知识的理解和巩固，实验手册与教材都采用贯穿项目的方式，实验手册中的贯穿项目与教材中的贯穿项目是并行的，其两个项目之间的模块对应关系如下：

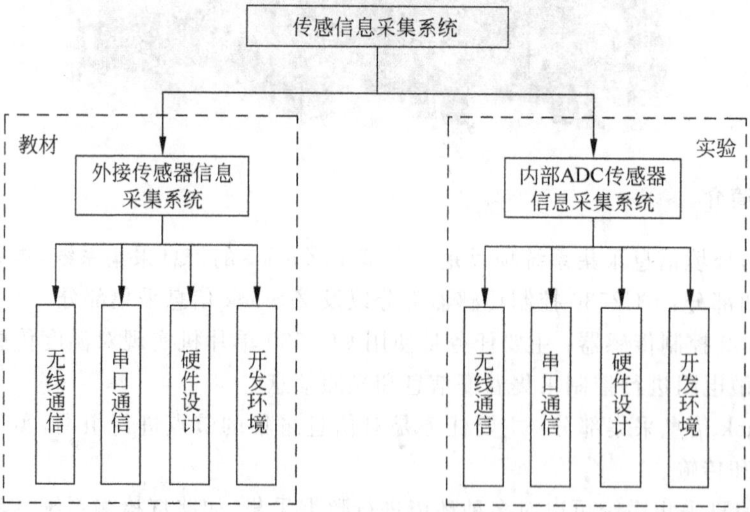

3. 章节任务实现

章	目 标	贯穿任务实现
第 1 章 ZigBee 技术概述	Zigbee 技术入门	
第 2 章 开发环境	环境搭建	【任务 2-1】新建一个名称为 QST 的工程，并设置其参数
第 3 章 硬件设计	CC2530 外围硬件设计	【任务 3-1】硬件设备的连接，下载、调试程序
第 4 章 CC2530 基础应用	CC2530 通用 I/O、外设 I/O、振荡器及时钟、ADC 的应用	【任务 4-1】CC2530 控制 DS18B20 采集温度信息 【任务 4-2】CC2530 采集光照信息
第 5 章 CC2530 进阶开发	CC2530 串口、DMA 控制器、定时器的应用	【任务 5-1】CC2530 控制 DS18B20 采集传感信息并通过串口传输
第 6 章 CC2530 无线射频	CC2530 的点对点无线通信	【任务 6-1】CC2530 控制 DS18B20 采集温度信息并通过无线射频传输

本书由刘全担任主编，李战军、金澄、郭晓丹担任副主编，李瑞改老师编写主要章节并进行全书统稿，丁璟、韩涛、张侠、单杰也参与了部分章节的编写和审核工作。作者均已从事物联网、嵌入式教学和项目开发多年，拥有丰富的教学和实践经验。由于作者水平有限，书中疏漏和不足之处在所难免，恳请广大读者及专家不吝赐教。本书相关资源，请到锐聘学院教材丛书资源网 book. moocollege. cn 下载。

编者

2016 年 1 月

章节学习路线图

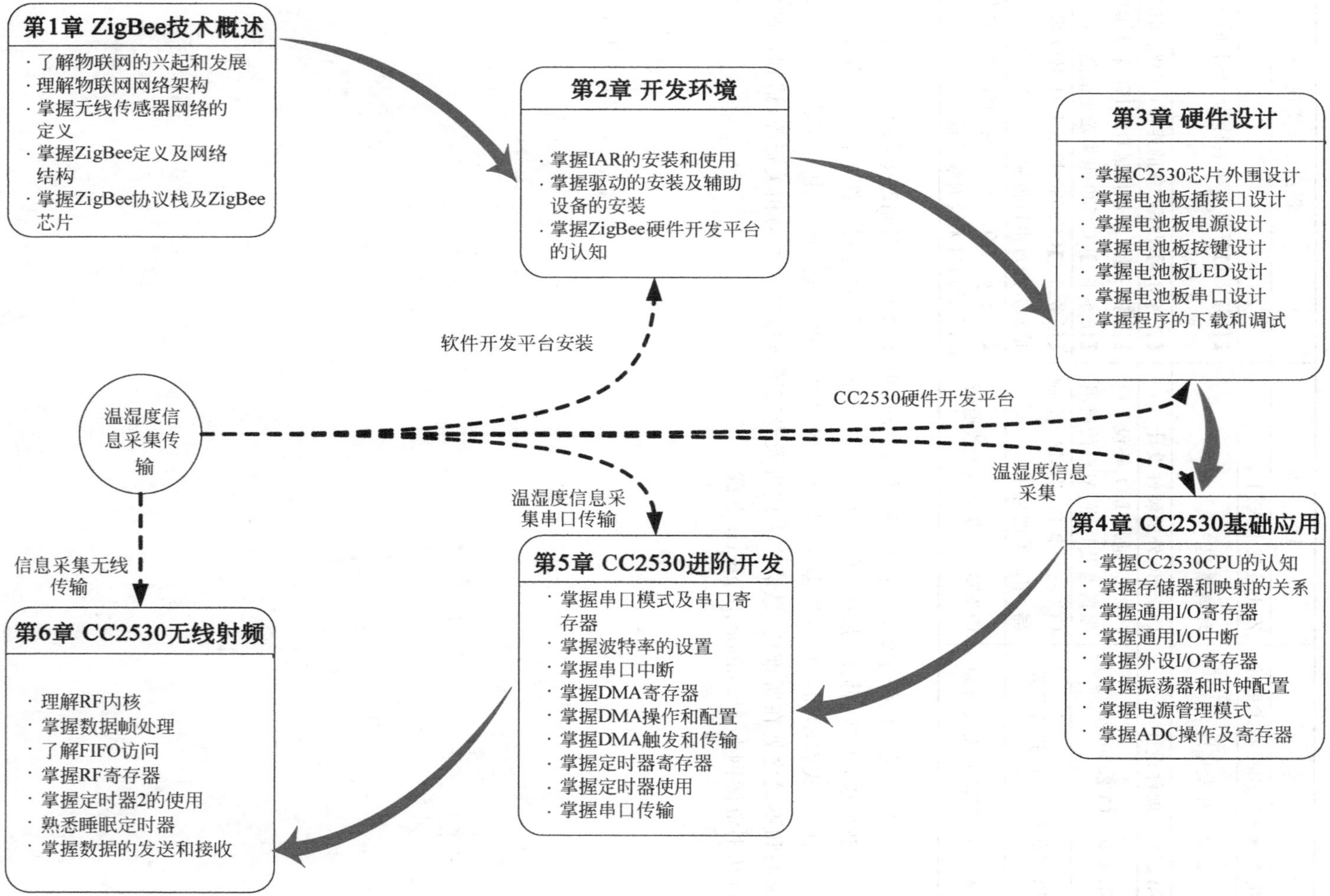
第1章 ZigBee技术概述
·了解物联网的兴起和发展
·理解物联网网络架构
·掌握无线传感器网络的定义
·掌握ZigBee定义及网络结构
·掌握ZigBee协议栈及ZigBee芯片
第2章 开发环境
·掌握IAR的安装和使用
·掌握驱动的安装及辅助设备的安装
·掌握ZigBee硬件开发平台的认知
第3章 硬件设计
·掌握C2530芯片外围设计
·掌握电池板插接口设计
·掌握电池板电源设计
·掌握电池板按键设计
·掌握电池板LED设计
·掌握电池板串口设计
·掌握程序的下载和调试
软件开发平台安装
温湿度信息采集传输
CC2530硬件开发平台
温湿度信息采集
温湿度信息采集串口传输
信息采集无线传输
第4章 CC2530基础应用
·掌握CC2530CPU的认知
·掌握存储器和映射的关系
·掌握通用I/O寄存器
·掌握通用I/O中断
·掌握外设I/O寄存器
·掌握振荡器和时钟配置
·掌握电源管理模式
·掌握ADC操作及寄存器
第5章 CC2530进阶开发
·掌握串口模式及串口寄存器
·掌握波特率的设置
·掌握串口中断
·掌握DMA寄存器
·掌握DMA操作和配置
·掌握DMA触发和传输
·掌握定时器寄存器
·掌握定时器使用
·掌握串口传输
第6章 CC2530无线射频
·理解RF内核
·掌握数据帧处理
·了解FIFO访问
·掌握RF寄存器
·掌握定时器2的使用
·熟悉睡眠定时器
·掌握数据的发送和接收

目　录

第1章 ZigBee技术概述

学习导航/课程定位

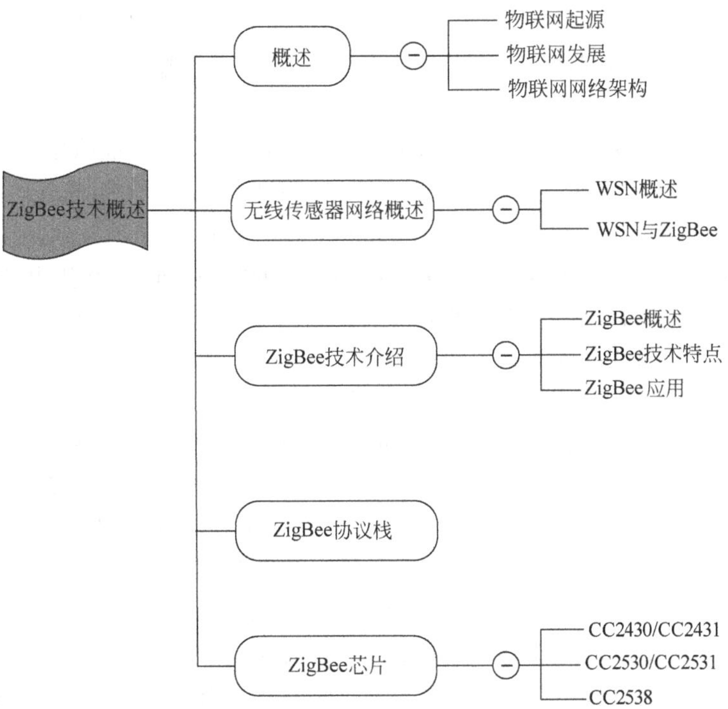

本章目标

知识点	Listen(听)	Know(懂)	Do(做)	Revise(复习)	Master(精通)
物联网的兴起和发展	★				
物联网网络架构	★	★			
无线传感器网络定义	★	★		★	
WSN 与 ZigBee 关系	★	★			
ZigBee 定义及网络结构	★	★	★		★
ZigBee 技术特点	★	★	★	★	★
ZigBee 应用	★				

1.1 概述

ZigBee 是一种新兴的高可靠的、短距离的无线数传网络，类似于 WiFi 和蓝牙网络，ZigBee 数传模块类似于 WiFi 或者蓝牙网络中的通信节点。伴随着物联网技术的发展，ZigBee 作为无线传感网络的一种重要技术标准，ZigBee 在物联网中的所占据的位置日益重要，较多的物联网应用都采用 ZigBee 技术，因此要了解 ZigBee 技术，首先要了解物联网的组成。本节将介绍物联网的起源、发展以及物联网网络架构。

1.1.1 物联网起源

物联网的概念最早可以追溯到 1991 年英国剑桥大学的“特洛伊”咖啡壶事件。剑桥大学特洛伊计算机实验室的科学家们在咖啡壶旁边安装了一个便携式摄像机，使镜头对准咖啡壶并编写了一套程序，利用计算机图像捕捉技术，将图像传输到实验室的计算机上，以方便工作组人员随时查看咖啡是否煮好。

在比尔·盖茨的《未来之路》一书中，最早提及到物联网(Internet Of Things，IOT)的概念，只是受限于当时无线网络、硬件和传感器设备的发展状况，并未引起人们的重视。

1998 年，美国麻省理工学院(Massachusetts Institute of Technology，MIT)创造性地提出了当时被称作 EPC(Electronic Product Code)系统的“物联网”的构想，用 RFID 取代现存的商品条形码，使电子标签变成零售商品的绝佳信息发射器，并由此变化出千百种应用与管理方式，来实现供应链管理的透明化和自动化。

1999 年，在物品编码、RFID 技术和互联网的基础上，美国 Auto-ID 实验室首先提出了“物联网”的概念。当时对物联网的定义很简单：将所有物品通过射频识别技术，使用一系列信息传感设备与因特网连接起来，实现对物品的智能化识别和管理。MIT 自动识别中心提出，要在计算机因特网的基础上，利用 RFID、无线传感器网络(Wireless Sensor Network，WSN)、数据通信等技术，构造一个覆盖世界上万事万物的“物联网”。在这个网络中，物品(商品)能够彼此进行“交流”，而无须人的干预。

在我国物联网白皮书中把物联网的概念归纳为：物联网是通信网和互联网的拓展应用和网络延伸，它利用感知技术与智能装置对物理世界进行感知识别，通过网络传输互联，进行计算、处理和知识挖掘，实现人与物、物与物信息交互和无缝链接，达到对物理世界实时控制、精确管理和科学决策的目的。

1.1.2 物联网发展

过去在中国，物联网被称为传感网。中科院早在 1999 年就启动了传感网的研究，并已取得了一些科研成果，建立了一些实用的传感网。同年，在美国召开的移动计算和网络国际会议提出“传感网是下一个世纪人类面临的又一个发展机遇”。

2003 年，美国《技术评论》提出传感网络技术将是未来改变人们生活的十大技术之首。2005 年 11 月 17 日，在突尼斯举行的信息社会世界峰会(WSIS)上，国际电信联盟(ITU)发布了《ITU 互联网报告 2005：物联网》，正式提出了“物联网”的概念。报告指出，无所不在的“物联网”通信时代即将来临，世界上所有的物体从轮胎到牙刷、从房屋到纸巾都可以通过因特网主动进行信息交换。RFID、传感器技术、智能嵌入式技术将得到更广泛的应用。2008年年底，IBM提出了“智慧地球”的新理念，“智慧地球”战略主要是把IT前沿技术应用到各行各业之中，把传感器嵌入和应用到全球的电网、铁路、公路、桥梁、建筑、供水系统等各种物体中，并通过彼此之间的互联形成物联网。

2009年国务院将传感网和物联网确定为国家五大战略性的新兴产业。从当前物联网的发展形势来看，物联网可以分为技术发展和管理应用发展。

- 从技术发展趋势呈现出融合化、嵌入化、可视化、智能化的特征。
- 从管理应用发展趋势呈现出标准化、服务化、开放化、工程化的特征。

物联网发展的关键在于应用，只有以应用需求为导向，才能带动物联网技术与产业的蓬勃发展。

1.1.3 物联网网络架构

物联网网络架构由感知层、网络层和应用层组成，如图1-1所示。其中这三层的主要作用如下所述：

- 感知层实现对物理世界的智能感知识别、信息采集处理和自动控制，并通过通信模块将物理实体连接到网络层和应用层。
- 网络层主要实现信息的传递、路由和控制，包括延伸网、接入网和核心网，网络层可依托公众电信网和互联网，也可以依托行业专用通信网络。
- 应用层包括应用基础设施、中间件和各种物联网的应用。应用基础设施、中间件为物联网应用提供信息处理、计算等通用基础服务设施、能力及资源调用接口，以此为基础实现物联网在众多领域的各种应用。

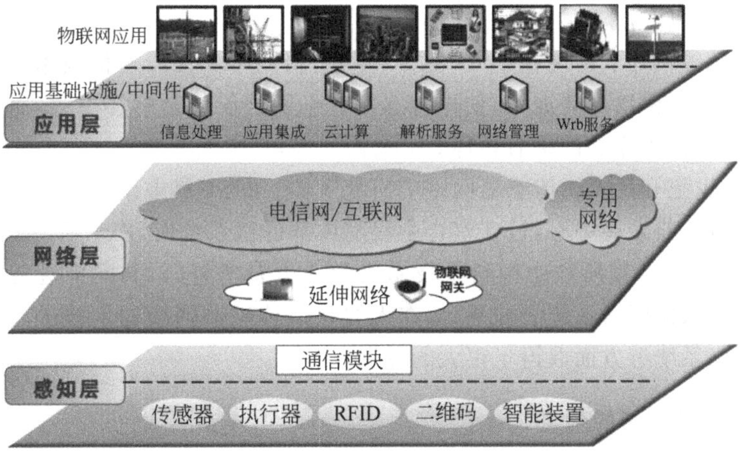

图 1-1　物联网网络架构

在感知层利用传感器、执行码即条形码、RFID、二维码、智能装置、通信模块等设备组成无线传感器网络将采集的数据传送至网络层；网络层通过电信网或互联网将感知层采集的数据传送给应用层；应用层使用信息处理、云计算、解析服务、网络管理Web服务等技术，将数据整合处理成面向对象的客户端。

无线传感器网络在整个物联网体系架构中占据着举足轻重的作用，如果把物联网的整个体系架构比作人体，无线传感器网络就是人体中的神经末端感知系统。

1.2 无线传感器网络概述

随着无线通信技术、微机电技术以及电池技术的快速发展，微小的无线传感器已经具备感应和无线传输的能力，成千上万的无线传感器就构成了无线传感器网络。无线传感器网络是一种全新的信息获取和处理技术，是集微机电技术、传感器技术和无线通信技术为一体的技术。

1.2.1 WSN 概述

无线传感器网络是由大量传感器节点通过无线通信技术构成的自组织网络，它集成了传感器、微机电系统和网络三大技术，目的是感知、采集、处理和传输网络覆盖范围内感知对象的信息，并转发给用户，是以数据为中心的系统。

1. 无线传感器网络的起源和发展

无线传感器网络的发展经历了三个阶段：简单传感器网络、智能传感器网络和无线传感器网络。

- 简单传感器网络：出现在 20 世纪 70 年代，使用具有简单信息信号获取能力的传统传感器，采用点对点传输，与控制器连接构成传感器网络。
- 智能传感器网络：将计算能力嵌入到传感器中，使得传感器节点不仅具有数据采集能力，而且具有滤波和信息处理能力。
- 无线传感器网络：出现在 20 世纪 90 年代，将网络和无线通信技术引入到传感器节点中，降低了网络部署成本，使得传感器节点不再仅仅是感知单元，而变成了可以交换信息、协同工作的网络有机体。

我国在 21 世纪开始无线传感器网络的研究工作。2001 年中国科学院在上海微系统所成立了微系统研究与发展中心，旨在整合中科院内部的微系统所，声学所、微电子所、半导体所、电子所、软件所、计算所和中国科学技术大学等十余所校所，共同推进传感器网络的研究。初步建立传感器网络系统研究平台，在无线智能传感器网络通信技术、微型传感器、传感器节点和应用系统等方面取得了很大的发展。

2. 无线传感器网络的特点

无线传感器网络是一种自组织类型的网络，与传统的自组织类型的网络一样，具有分布控制、无中心和多跳传输等特点。其中无线传感器网络的主要特点，主要表现在以下几个方面。

- 规模大：组成无线传感器网络的节点规模比一般传统的自组织网络大很多。
- 密集部署：传感器节点的传感范围受限于传感器，需要密集部署在感知对象附近或者内部。

- 网络拓扑变化大：传感器节点失效或大量的移动节点的存在使得无线传感器网络的拓扑变化程度较大。
- 节点资源受限：无线传感器网络包含的节点数量巨大，在某些应用中节点完成任务之后就不再回收。从网络整体成本的角度考虑，必须降低单个节点的成本，这就使得节点的计算能力、传输的数据量、通信带宽和存储能力非常有限。
- 以数据为中心：无线传感器网络中节点随机部署，节点与部署位置无关。用户进行事件查询时，网络只需报告该事件，无须报告发生该事件的节点位置。

1.2.2 WSN与ZigBee

随着无线传感器网络的快速发展，无线协议标准的制定成了人们研究的重点，随之也出现了各种各样的无线传感器网络协议标准，其中应用比较成熟和广泛的协议为ZigBee协议。

ZigBee的设计目标是在保证低功耗的前提下，开发一种易于部署、低复杂度、低成本、短距离、低速率、自组织的无线网络。ZigBee的各种特性符合无线传感器网络的特点，因此可以将ZigBee节点直接拿来作为无线传感器节点使用。

虽然ZigBee节点可以作为无线传感器节点来使用，并且ZigBee协议也可以看做是无线传感器网络的一种协议标准，但是ZigBee技术是独立存在的一种技术，除了底层协议使用了IEEE 802.15.4外，并不依附于其他任何无线传感器网络，这是因为ZigBee技术有它独立的应用场景，并不是所有场景的无线传感器网络都可以采用ZigBee技术作为其协议标准。其实ZigBee协议可以理解为一种短距离无线传感器网络与控制协议，主要用于传输控制信息，特别是通信数据量相对较小的网络中。

1.3 ZigBee技术介绍

ZigBee这一名称来源于蜜蜂的八字舞。由于蜜蜂在采集花粉时采用跳八字舞的方式来通知蜂群花朵所在的位置，即蜜蜂(bee)依靠此种动作方式(zig)构建群体中的通信网络，因此产生了ZigBee这个名词。

1.3.1 ZigBee概述

ZigBee技术是ZigBee联盟制定的一种无线通信标准，该标准定义了短距离、低速率数据传输的无线通信所需要的一系列协议标准。ZigBee联盟的标志如图1-2所示。

ZigBee联盟成立于2002年8月，当时由英国Invensys公司、日本三菱电气公司、美国摩托罗拉公司以及荷兰飞利浦半导体公司组成，如今已吸引了上百家芯片公司、无线设备公司和开发商的加入。

ZigBee联盟制定的ZigBee标准包括4层：物理层、媒体访问控制层(即MAC层)、网络层和应用层。其中物理层和MAC层是IEEE 802.15.4工作组制定的，而ZigBee联盟只定义了网络层和应用层。ZigBee网络结构如图1-3所示。

图 1-2 ZigBee 联盟标志

图 1-3 ZigBee 网络结构

ZigBee 使用了 3 个 ISM（工业科学医疗）无线频段，分别是 868MHz、915MHz 和 2.4GHz，在这 3 个频段上定义了 27 个信道，对 3 个频段的使用说明如下：

- 868MHz 为欧洲频段，在此频段附近定义了 1 个信道，具有 20Kbps 的传输速率；
- 915MHz 为北美频段，在此频段附近定义了 10 个信道，信道间隔为 2MHz，具有 40Kbps 的传输速率；
- 2.4GHz 为世界公用频段，在此频段附近定义了 16 个信道，信道间隔为 5MHz，具有 250Kbps 的传输速率。

1.3.2 ZigBee 技术特点

ZigBee 作为一种市面上比较流行的无线通信技术，它有着低功耗、低成本、时延短、网络容量大、安全、可靠等特点。

- 低功耗：由于 ZigBee 的传输速率低，发射功率仅为 1mW，而且采用了休眠模式，因此 ZigBee 设备非常省电。据估算，ZigBee 设备仅靠两节 5 号电池就可以维持长达 6 个月到 2 年左右的使用时间。
- 成本低：ZigBee 模块的初始成本在 6 美元左右，目前已经能降到 1.5～2.5 美元，并且 ZigBee 协议是免专利费的。低成本对于 ZigBee 的推广也是一个关键的因素。
- 时延短：通信时延和从休眠状态激活的时延都非常短，典型的搜索设备时延 30ms，休眠激活的时延是 15ms，活动设备信道接入的时延为 15ms。因此 ZigBee 技术适用于对时延要求苛刻的无线控制（如工业控制场合等）应用。
- 网络容量大：一个星型结构的 ZigBee 网络最多可以容纳 254 个从设备和 1 个主设备，一个区域内可以同时存在最多 100 个 ZigBee 网络。而在网状网络中，一个网络容纳节点的数量理论上可以达到 65 536 个节点，并且 ZigBee 网络组成非常灵活，因此 ZigBee 网络一个显著的特点就是网络容量大。
- 可靠：采取了碰撞避免策略，同时为需要固定带宽的通信业务预留了专用时隙，避开了发送数据的竞争和冲突。MAC 层采用了完全确认的数据传输模式，每个发送的数据包都必须等待接收方的确认信息。如果传输过程中出现问题可以进行重发。
- 安全：ZigBee 提供了基于循环冗余校验（Cyclic Redundancy Check，CRC）的数据包完整性检查功能，支持鉴权和认证，采用了 AES-128 的加密算法，各个应用可以灵活确定其安全属性。

ZigBee 技术除了以上的特点之外，与其他的无线数传技术，比如 Wifi、蓝牙等相比，传输速率比较低，也正是这一缺点导致了 ZigBee 技术的功耗比较低。但是 ZigBee 技术相对于 WiFi、蓝牙来说显著的优点在于网络容量大,一般情况下 WiFi 网络中最多的节点个数为 30 个左右,蓝牙 2.0 网络中支持的最大的节点个数为 8 个(1 个主设备,7 个从设备),而 ZigBee 网络中所能容纳的最多的节点个数为 65 536 个。因此目前物联网的应用,在散布的网络比较大且传输速率要求不高的情况下,底层采用的无线传输网络大多是 ZigBee 网络。

1.3.3 ZigBee 应用

伴随着 ZigBee 技术的成熟,ZigBee 技术在智能家居和商业楼宇自动化方面有较大的应用前景。ZigBee 技术的出现弥补了低成本、低功耗和低速率的无线通信市场的空缺,总体而言,在以下场合比较适合采用 ZigBee 技术:

- 需要进行数据采集和控制的节点比较多。
- 对数据传输的速率要求不高。
- 设备需要自主供电工作时间比较长且设备体积比较小。
- 现有移动网络的覆盖盲区。
- 野外布置网络节点,进行简单的数据传输。

从以上几个方面考虑,目前市面上 ZigBee 应用的场合比较广泛,涉及的领域包括工业控制、智能家居、楼宇自动化、农业、医疗等。以下简单介绍几种 ZigBee 的应用。

1. 工业控制领域

ZigBee 在工业控制领域内一个典型的应用为高速路照明灯的检测,如图 1-4 所示。高速路灯检测的传统方法是由检测工程师开车到高速路上检查哪些照明灯已经坏掉,由于车速较快不能记下所有需要检修灯的编号。但通过 ZigBee 网络,工程师只需要坐在计算机旁边,就可以清楚地监测到整个高速路上的路灯工作情况。

图 1-4 高速路路灯检测

2. 智能家居领域

随着信息技术和网络技术的高速发展以及人们居住理念的变化与提升,人们越来越追求生活细节的简单化和智能化,希望在日常家居生活中置入智能化程序,享受"一键 OK"式的简单生活操作。因此智能家居是目前消费生活中的主要发展方向。而ZigBee技术是目前智能家居领域使用的主流技术之一。

随着ZigBee技术的发展，通过ZigBee网络控制家庭中的灯光、空调、电视、窗帘等不再是人们的想象。目前市场上已有成型的基于ZigBee的智能家居系统，只要手机安装APP，就能通过手机远程控制家中的所有电器。智能家居场景如图1-5所示。

图1-5　智能家居场景

3. 农业智能大棚

在我国，温室大棚是一种可以改变植物生长环境的农业技术，根据作物生长的最佳生长条件，调节温室气候使一年四季满足植物生长的需要。农作物在成长过程中需要注意的环境因素有很多，包括温度、湿度、光照强度以及CO_2浓度等等。传统的温室大棚环境因素都是由人工控制的，在精度和质量上都不精确，以致农作物的产量可能不够理想。基于ZigBee技术的智能农业大棚可以通过传感器对温室内的环境参数进行采集并控制，比人工控制不仅省时、省力，更重要的是对环境因素的控制更加精确，从而更适宜农作物的生长。智能农业大棚场景如图1-6所示。

图1-6　智能农业大棚场景

1.4 ZigBee 协议栈

随着 ZigBee 技术的发展，ZigBee 协议栈也出现了不同的版本，其中最常用的两种版本即德州仪器公司的 Z-Stack 协议栈和飞思卡尔的 BeeStack 协议栈。

德州仪器的 Z-Stack 协议栈是一款免费的、半开源的 ZigBee 协议栈，目前 Z-Stack 协议栈的最新版本为 ZigBee 2007 PRO，但是它向后兼容 ZigBee 2006 和 ZigBee 2004。此协议栈与 IAR 开发环境配合使用，对于 ZigBee 的初学者比较容易上手。

飞思卡尔的 BeeStack 协议栈是该公司一款完善的 ZigBee 协议栈。此协议栈为不开源、收费的协议栈，由于此协议栈收费较高，因此在学习过程中产生费用较高，不适合初学者使用。

本书推荐初学者使用德州仪器公司的 Z-Stack 协议进行学习。

1.5 ZigBee 芯片

本节以下内容介绍几款 ZigBee 芯片。与 Z-Stack 协议栈配合使用的 ZigBee 芯片主要有的德州仪器生产的 CC2430/CC2431、CC2530/CC2531、CC2538。

1.5.1 CC2430/CC2431

CC2430 是 Chipcon 公司(在 2006 年被美国德州仪器公司收购)推出的一款片上系统芯片。它集成了 8051 内核与射频模块，主要用于实现嵌入式 ZigBee 应用的片上系统。根据芯片内置闪存的不同容量，提供给用户 3 个版本。即 CC2430F32、CC2430F64 和 CC2530F128。此芯片是世界上首个单芯片的 ZigBee 解决方案，也是世界上第一个真正意义上的 ZigBee 片上系统芯片。

CC2431 是 Chipcon 公司 SmartRF03 家族中的一个关键部分。它与 CC2430 的最大不同是带有硬件定位引擎。

ZigBee 片上系统解决方案 CC2430/CC2431 的出现对于制造商是一个巨大的飞跃，此产品面向市场广泛，包括家庭和楼宇自动化、供暖、通风和空调系统、自动抄表系统、医疗设施、家庭、娱乐和其他终端市场。

1.5.2 CC2530/CC2531

CC2530/CC2531 是 CC2430/CC2431 的升级版本。CC2530 根据闪存的不同有 4 种不同的版本，分别是 CC2530F32、CC2530F64、CC2530F128 和 CC2530F256，这 4 种版本分别具有 32/64/128/256KB 的闪存空间。

CC2530F64 结合了德州仪器的 RemoTI，更好地提供了一个强大的、完整的 ZigBee RF4CE 远程控制解决方案。

CC2530F256 结合了德州仪器在业界领先的 ZigBee 2007 PRO，提供了完善的、强大的 ZigBee 解决方案。

CC2531与CC2530基本相同，但是CC2531比CC2530多了一个USB接口，如果硬件需要USB的支持，可以选择CC2531。

在价格上，由于CC2530系列与CC2430系列相差不大，并且CC2530系列芯片向后兼容CC2430，因此目前在使用Z-Stack协议栈时，大多采用CC2530芯片。本书将详细讲解CC2530的使用。

1.5.3 CC2538

CC2538是德州仪器生产的一款针对高性能ZigBee应用的理想片上系统。该芯片包含基于ARM Cortex-M3的强大MCU系统，具有高达32KB的片上RAM、512KB的片上闪存和可靠的IEEE 802.15.4射频功能。

CC2538与德州仪器免费提供的Z-Stack软件解决方案搭配使用，可提供强大而稳定的ZigBee解决方案。

由于CC2538价格较CC2530昂贵，因此在使用ZigBee节点作为无线传感器节点时，往往采用价格较低廉的CC2530作为主芯片。而CC2538可以作为ZigBee协调器来使用。

本章总结

小结

- 物联网是通信网和互联网的拓展应用和网络延伸，它利用感知技术与智能装置对物理世界进行感知识别，通过网络传输互联，进行计算、处理和知识挖掘，实现人与物、物与物信息交互和无缝链接，达到对物理世界实时控制、精确管理和科学决策的目的。
- 物联网网络架构由感知层、网络层和应用层组成。
- 无线传感器网络是由大量传感器节点通过无线通信技术构成的自组织网络，它集成了传感器、微机电系统和网络三大技术，目的是感知、采集、处理和传输网络覆盖范围内感知对象的信息，并转发给用户，是以数据为中心的系统。
- 无线传感器网络的发展经历了三个阶段：简单传感器网络、智能传感器网络和无线传感器网络。
- ZigBee联盟制定的ZigBee标准包括4层：物理层、媒体访问控制层(即MAC层)、网络层和应用层。
- ZigBee作为一种市面上比较流行的无线通信技术，它有着低功耗、低成本、时延短、网络容量大、安全、可靠等特点。
- 德州仪器的Z-Stack协议栈是一款免费的、半开源的ZigBee协议栈。
- CC2530F256结合了德州仪器在业界领先的ZigBee 2007 PRO，提供了完善的、强大的ZigBee解决方案。

Q&A

问题：ZigBee技术在物联网架构中属于哪一层?

答：ZigBee节点的主要作用是将采集的传感信息传输至用户。虽然ZigBee节点可以采集传感信息,但是单纯的采集传感信息的节点部分属于物联网的感知层。但是ZigBee节点的主要作用是传输信息。而物联网的网络层只要功能是传输信息。因此ZigBee技术应该属于物联网的网络层。

章节练习

习题

1. 下面不属于物联网网络架构组成的是________。

   A. 物理层　　B. 感知层　　C. 网络层　　D. 应用层

2. 关于ZigBee技术特点,下列说法中正确的是________。

   A. 低功耗、低成本　　B. 时延短、网络容量大

   C. 安全、可靠　　D. 短距离、速率高

3. 无线传感器网络的发展经历了3个阶段：________、________和________。
4. ZigBee联盟制定的ZigBee标准包括4层：________、________、________和________
5. 德州仪器的Z-Stack协议栈是一款________、________ ZigBee协议栈。
6. 简述物联网的定义。
7. 简述几款ZigBee芯片。

第2章 开发环境

任务驱动

本章任务是完成“基于 ZigBee 的智能家居”项目的软件环境搭建：
新建一个名称为 QST 的工程，并设置其参数。

学习导航／课程定位

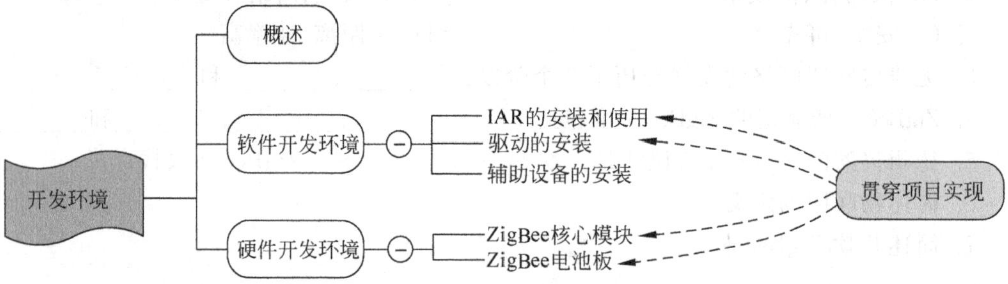

本章目标

知识点	Listen（听）	Know（懂）	Do（做）	Revise（复习）	Master（精通）
IAR 的安装和使用	★	★	★	★	★
驱动的安装	★	★	★	★	★
辅助设备的安装	★	★	★	★	★
ZigBee 核心模块的认知	★	★	★	★	★
ZigBee 电池板的认知	★	★	★	★	★
新建一个 IAR 工程	★	★	★	★	★

2.1 概述

ZigBee 智能家居项目是一个基于 CC2530 单片机的综合性项目，要完成基于 ZigBee 的智能家居系统，首先要了解开发环境，本系统的开发环境包括软件开发环境和硬件开发环境。

- 软件开发环境包括 IAR 的安装和使用，ZigBee 仿真器驱动的安装以及其他设备驱动的安装。
- 硬件开发环境包括 ZigBee 硬件开发平台认识和使用。

2.2 软件开发环境

软件开发环境采用 IAR for MCS-51，即 IAR Embedded Workbench for MCS-51。IAR Embedded Workbench 是瑞典 IAR Systems 公司为微处理器开发的一个集成开发环境，简称 IAR 或 EW。IAR 针对不同的处理器提供不同的版本，比如针对内核为 8051 的微处理器提供 IAR for 51 版本，针对内核为 ARM 或 AVR 的微处理器提供 IAR for ARM 和 IAR for AVR 版本。IAR 产品的主要特性如下：

- 完全标准的 C 兼容；
- 良好的版本控制和扩展工具；
- 便捷的模拟和中断处理；
- 工程中相对路径支持；
- 内建对应芯片的程序速度和大小优化器。

2.2.1 IAR 的安装和使用

本节将完成 IAR 的安装和使用。IAR 的安装软件可以从 IAR 官方下载，其下载网址为 http://www.iar.com/。本书中安装的 IAR 版本为 EW8051-EV-7.51A。下载完成后需要安装的应用程序如图 2-1 所示。

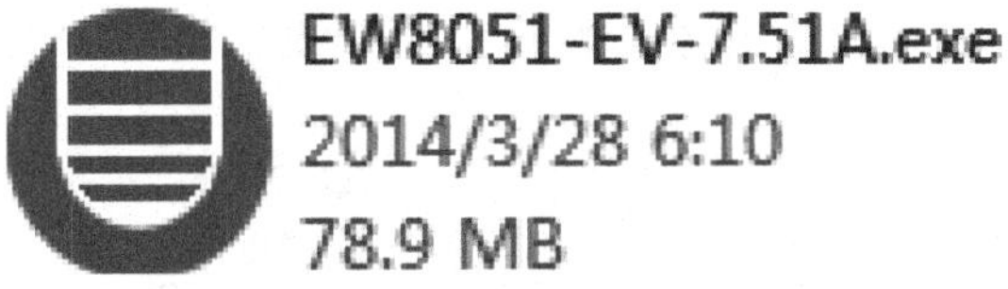

图 2-1 安装应用程序

双击安装程序进行安装，会弹出如图 2-2 所示的安装界面。

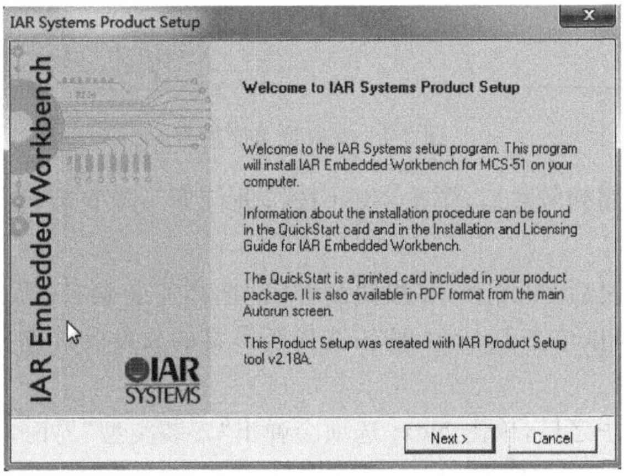

图 2-2 安装界面

单击安装界面的 Next 按钮，进行下一步安装，会弹出“是否接受安装”界面，如图 2-3 所示。

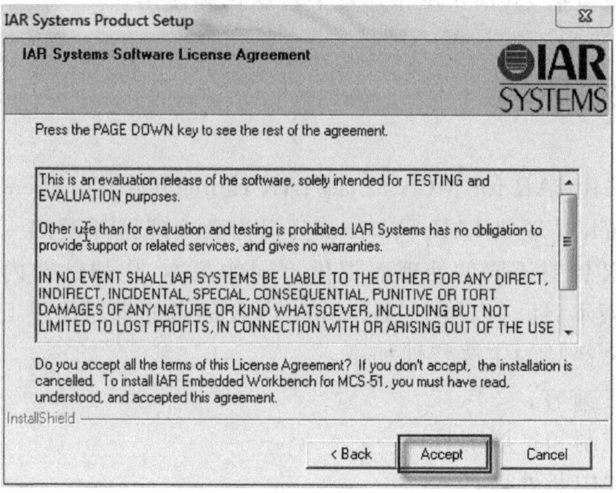

图 2-3　接受安装协议

如果接受安装协议，则单击 Accept 按钮；如果不接受，则单击 Cancel 按钮取消安装。选择 Accept 按钮接受安装协议，进行下一步的安装，会弹出“安装证书序列号”界面，如图 2-4 所示。

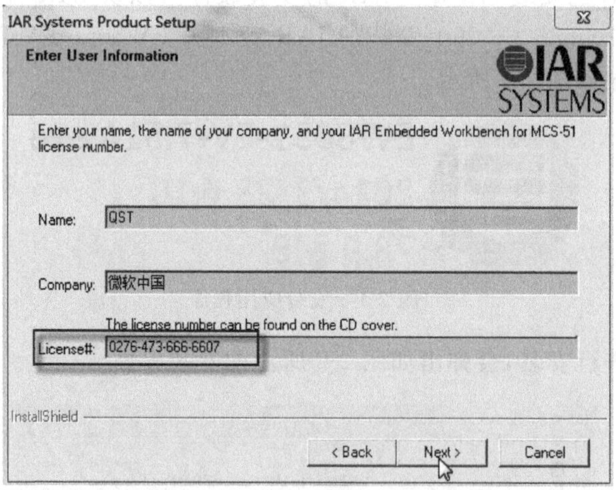

图 2-4　安装证书序列号

在输入安装证书序列号之后，单击 Next 按钮进行下一步安装，会弹出“安装证书密钥”的界面，如图 2-5 所示。

在输入安装密钥之后，单击 Next 按钮会弹出“选择安装路径”界面，如图 2-6 所示。如果要改变安装路径，可以单击 Browse 按钮选择所需要的软件安装路径，本书安装采用默认安装路径。

安装路径选择完毕之后，单击 Next 选项会弹出“安装类型”界面，如图 2-7 所示。

安装类型可以选择 Full 安装和 Custom 安装。

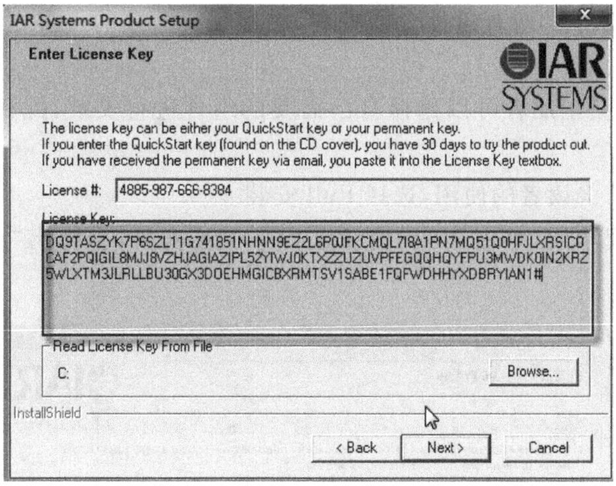

图 2-5　安装证书密钥

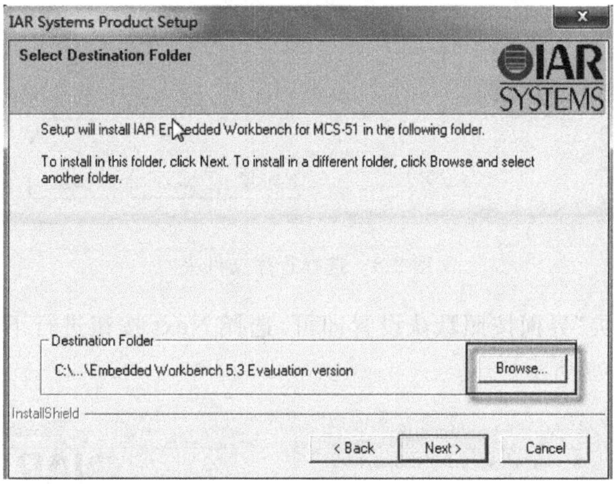

图 2-6　选择安装路径

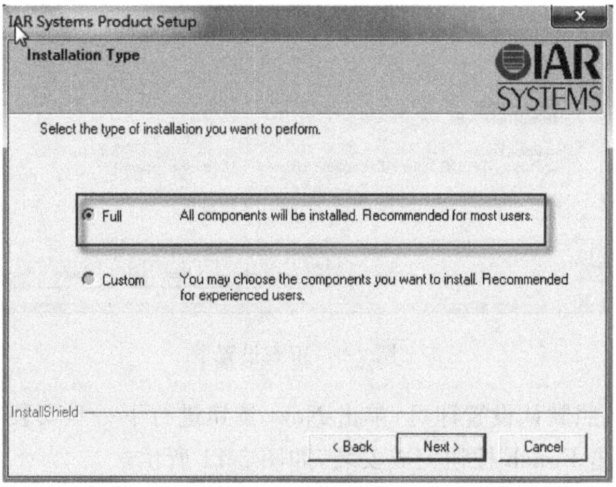

图 2-7　安装类型

- Full 安装将软件的所有组件全部安装，此种安装适合的人群比较广，比较适合于初学者。
- Custom 安装是使用者可以选择自己需要的组件进行安装，此种安装比较适合于专业人士使用。

本书为了方便广大读者的使用，选择 Full 安装。

安装类型选择完毕后，单击 Next 按钮进行下一步安装，会弹出“选择程序文件夹”界面，如图 2-8 所示。

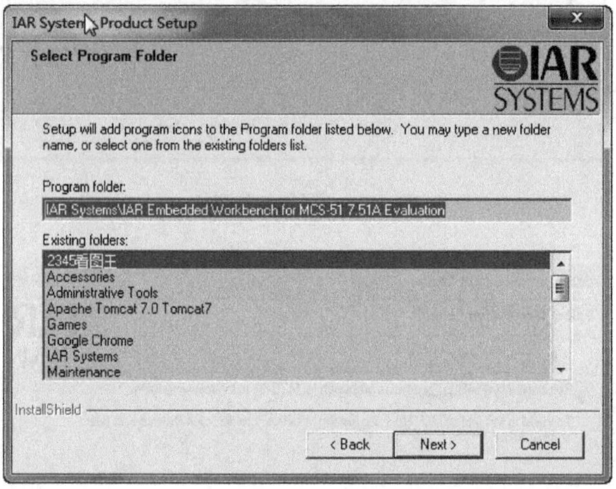

图 2-8 选择程序文件夹

“选择程序文件夹”界面按照默认设置即可，选择 Next 按钮进行下一步安装。弹出“审查设置”界面，如图 2-9 所示。

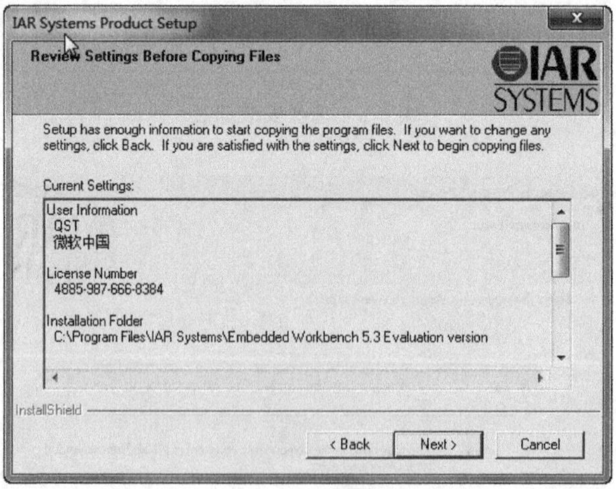

图 2-9 审查设置

审查设置界面按照默认设置即可，单击 Next 按钮进行下一步安装，如图 2-10 所示。

安装完成后，单击 Finish 按钮完成安装，如图 2-11 所示。

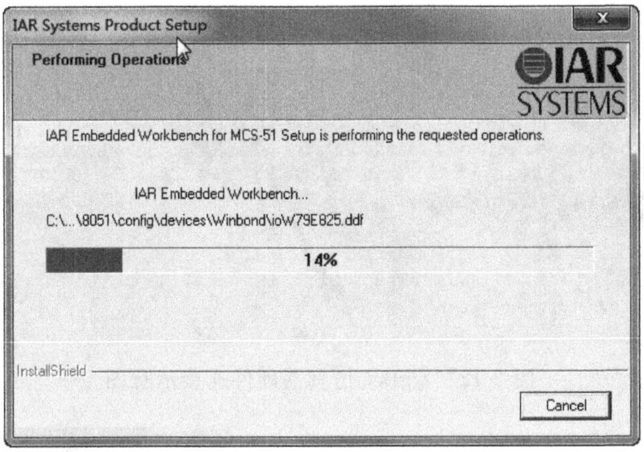

图 2-10 安装进度

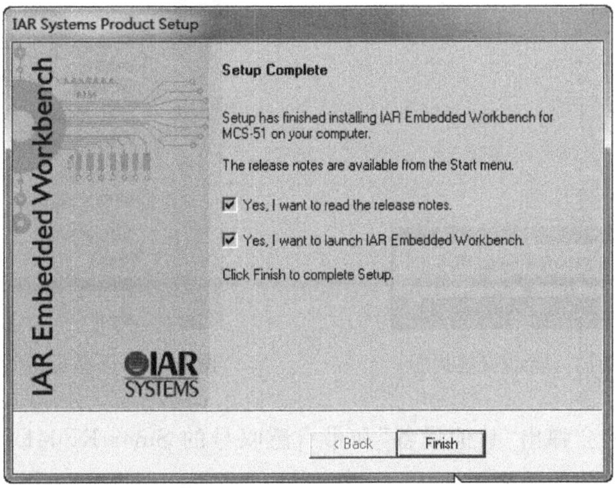

图 2-11 完成安装

2.2.2 驱动的安装

在 IAR 安装完成之后，连接硬件时还需要安装必要的驱动，驱动的安装包括 ZigBee 仿真器驱动的安装和 USB 转串口驱动安装两部分。

- ZigBee 仿真器驱动：主要作用是用来连接 PC 与 SmartRF 仿真器，实现程序下载的功能。
- USB 转串口驱动：由于本硬件平台的串口需用 USB 转串口，因此需要安装 USB 转串口驱动。

1. ZigBee 仿真器的安装

IAR 安装成功之后，第一次连接 ZigBee 设备时，需要安装 ZigBee 仿真器驱动，首先需要将 ZigBee 仿真器与 PC 相连，仿真器的硬件连接图如图 2-12 所示。

将 ZigBee 仿真器与 PC 相连，会弹出"未能成功安装设备驱动程序"的程序，如图 2-13 所示。

弹出驱动安装对话框之后，右击桌面上的"计算机"图标，选择"设备管理器"命令，如图 2-14 所示。

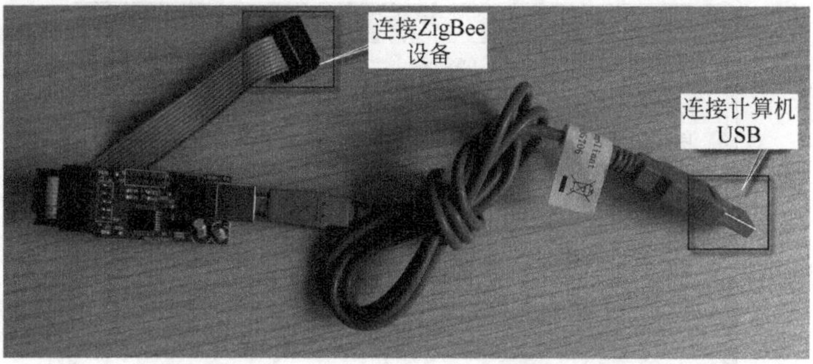

图 2-12　ZigBee 仿真器硬件连接示意图

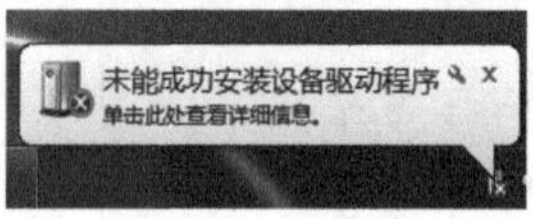

图 2-13　驱动安装提示

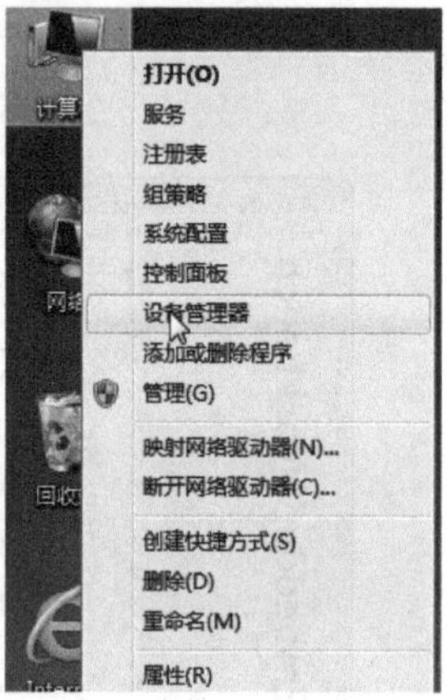

图 2-14　选择设备管理器

在设备管理器中会弹出“其他设备”和带有感叹号的 SmartRF04EB，如图 2-15 所示。

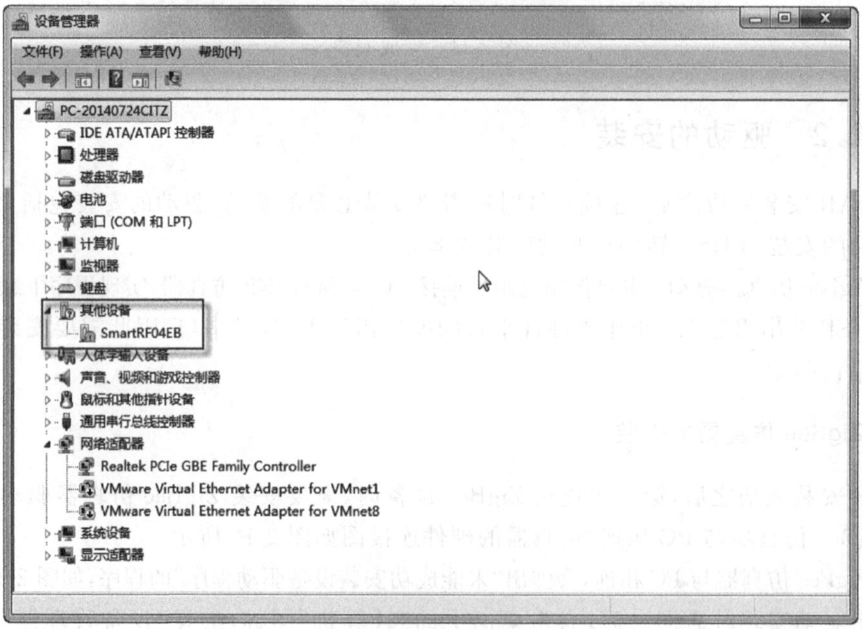

图 2-15　驱动安装

右击SmartRF04EB，选择“更新驱动程序软件”命令，如图2-16所示。

选择“更新驱动程序软件”命令后，会弹出如图2-17所示对话框，选择“浏览计算机以查找驱动程序软件”选项。

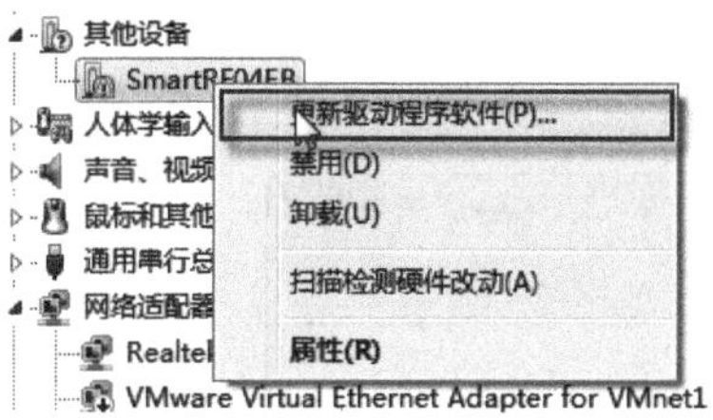

图2-16　更新驱动程序软件

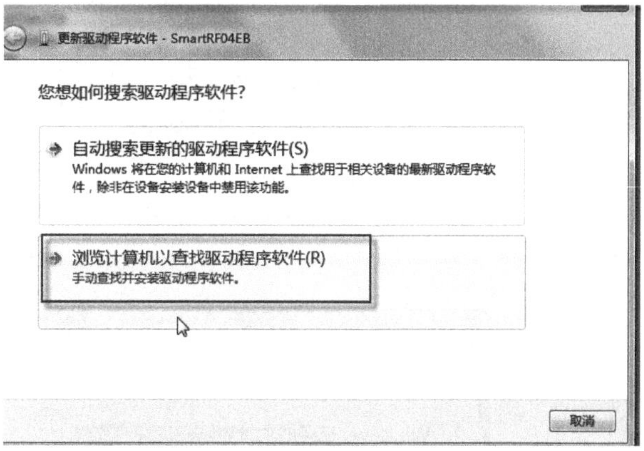

图2-17　浏览驱动程序软件

在文件管理器中选择\C:→Program Files→IAR Systerms→Embedded Workbench 5.3 Evaluation version→8051→drivers→Texs Instruments，如图2-18所示。

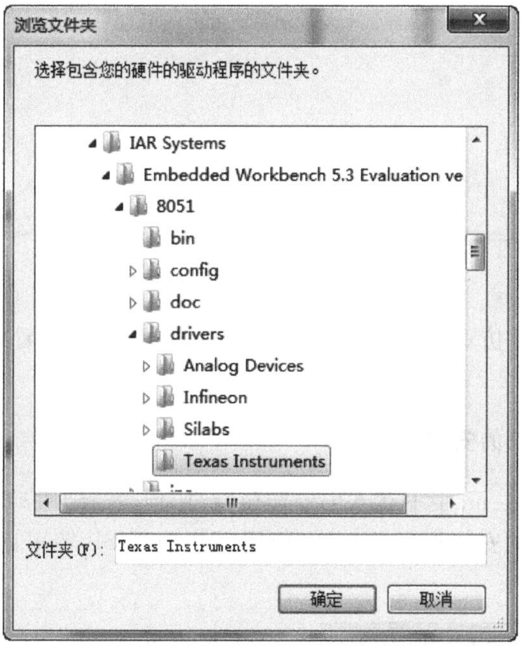

图2-18　选择驱动程序软件

单击“确定”按钮进行安装程序，在安装程序过程中会弹出如图2-19所示对话框，选择“始终安装此驱动程序软件”。

待程序更新完毕之后，会弹出如图2-20所示对话框，提示驱动程序更新成功，此时单击“关闭”按钮关闭对话框即可。

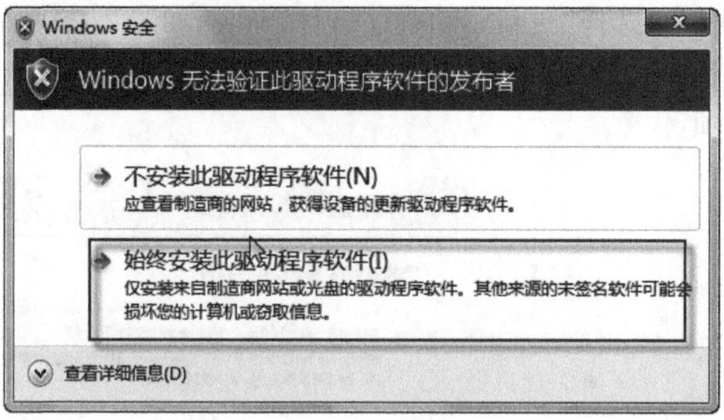

图 2-19　安装驱动程序软件

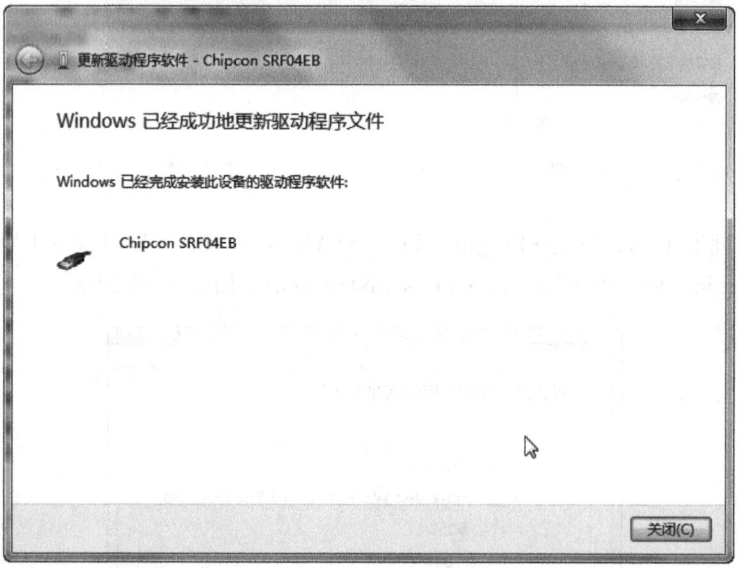

图 2-20　更新完成

安装成功的 ZigBee 仿真器驱动程序在“设备管理器”中可以看到，其中会列出 Chipcon SRF04EB 的设备，如图 2-21 所示。

2. USB 转串口驱动的安装

从 book. moocollege. cn 中下载本书安装包，解压后，选择“驱动”→“USB 转串口驱动”，找到 USB 转串口驱动的安装程序，本书中使用 HL-340USB 转串口驱动，安装程序的图标如图 2-22 所示。

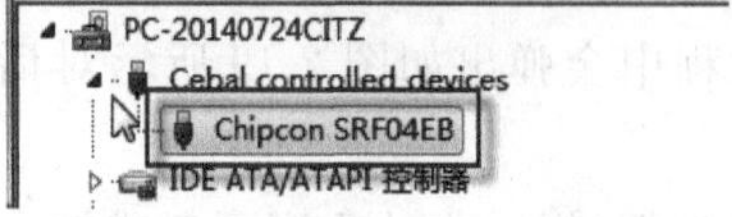

图 2-21　成功安装驱动程序

图 2-22　HL-340 安装程序图标

双击 HL-340. EXE 图标进行安装，会弹出如图 2-23 所示对话框。单击 INSTALL 按钮安装驱动程序。

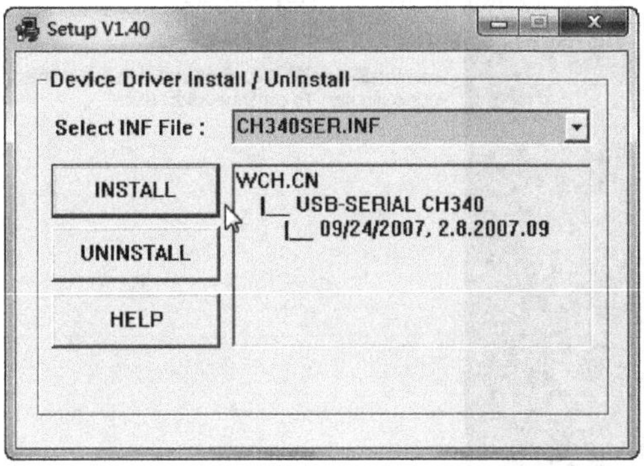

图 2-23 安装 USB 转串口驱动程序

驱动程序安装成功之后，弹出预安装成功的对话框，如图 2-24 所示。在使用的时候，连接硬件后选择自动安装即可。

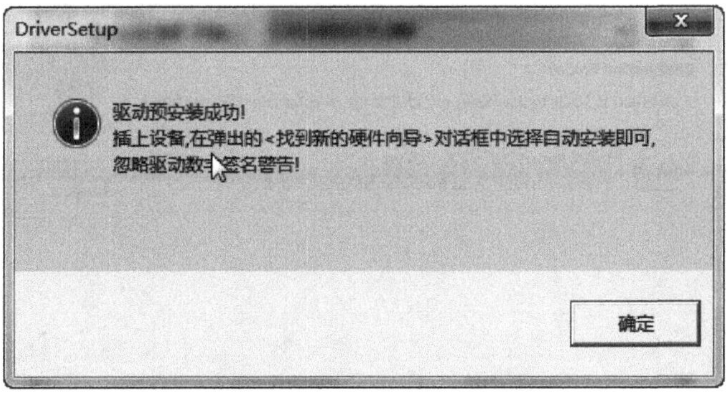

图 2-24 驱动预安装成功

2.2.3 辅助设备的安装

在 ZigBee 技术开发的过程中，有时候需要分析数据的帧结构，因此除了必要的开发环境程序安装，还需要安装 Packet Sniffer，Packet Sniffer 是德州仪器研发的一种抓取数据包的工具，需要配合硬件一起使用，Packet Sniffer 的安装程序需要从德州仪器的官方网站下载，其下载网址为 http://www.ti.com.cn/。下载完成后，安装程序包如图 2-25 所示。

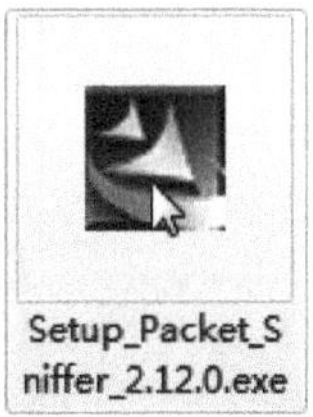

图 2-25 Packet Sniffer 安装程序软件

双击 Setup_Packet_Sniffer_2.12.0.exe 进行安装，单击 Next 按钮进行下一步安装，如图 2-26 所示。

在安装过程中可以单击 Change 按钮选择程序的安装路径，本书中采用默认路径，如图 2-27 所示。

在路径选择完成之后，单击 Next 按钮进行下一步安装，选择 Packet Sniffer 的安装类型为 Complete 安装类型，如图 2-28 所示。

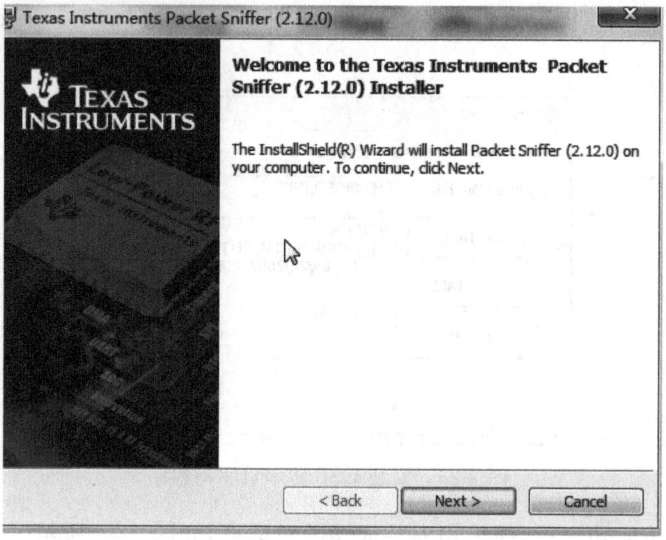

图 2-26　开始安装 Packet Sniffer

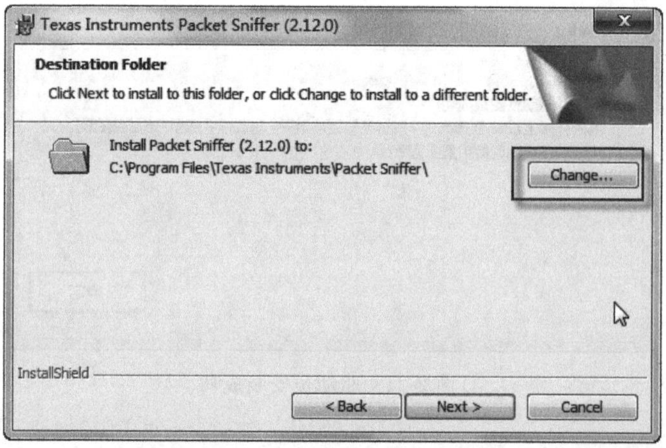

图 2-27　选择安装目录

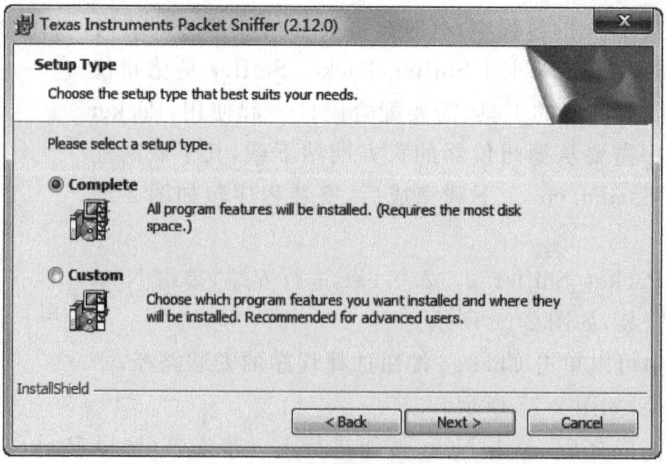

图 2-28　选择 Packet Sniffer 安装类型

下一步为准备安装程序对话框，直接单击 Install 按钮进行安装，如图 2-29 所示。

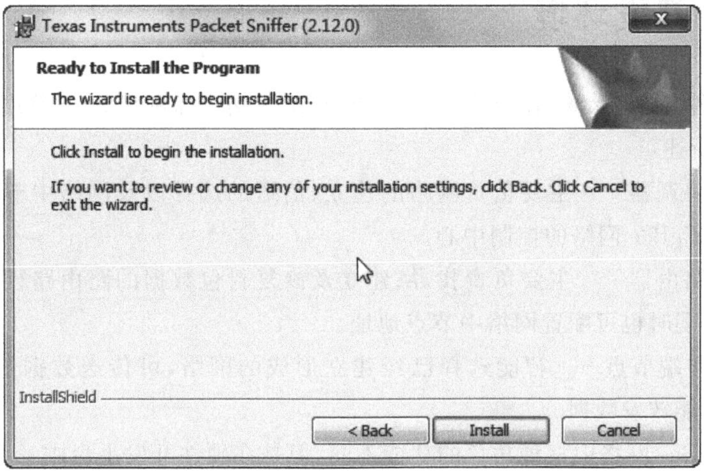

图 2-29　准备安装 Packet Sniffer 程序

等待安装完成后，单击 Finish 按钮完成安装，如图 2-30 所示。

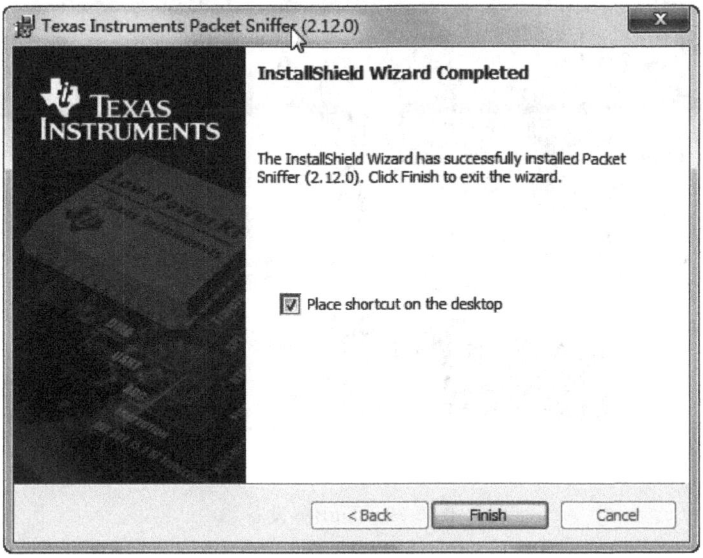

图 2-30　安装完成 Packet Sniffer

安装完成后在桌面上会生成 Packet Sniffer 的快捷方式，如图 2-31 所示。

图 2-31　安装完成的 Packet Sniffer 图标

2.3 硬件开发环境

ZigBee 硬件开发平台包括 ZigBee 协调器、ZigBee 路由器和 ZigBee 终端节点，其负责的主要功能如下所述：

- ZigBee 协调器——主要负责网络的建立、信道的选择以及网络中节点地址的分配，是整个 ZigBee 网络的控制中心。
- ZigBee 路由器——主要负责找寻、建立及修复封包数据的路由路径，并负责转发封包数据，同时也可配置网络中节点地址。
- ZigBee 终端节点——智能选择已经建立形成的网络，可传送数据给协调器和路由器，但不能转发数据。

虽然在 ZigBee 网络中三种角色的功能不同，但是在硬件开发平台中三种角色使用的硬件是相同的，通过软件设置其具有不同的功能。所使用的硬件设备如图 2-32 所示。

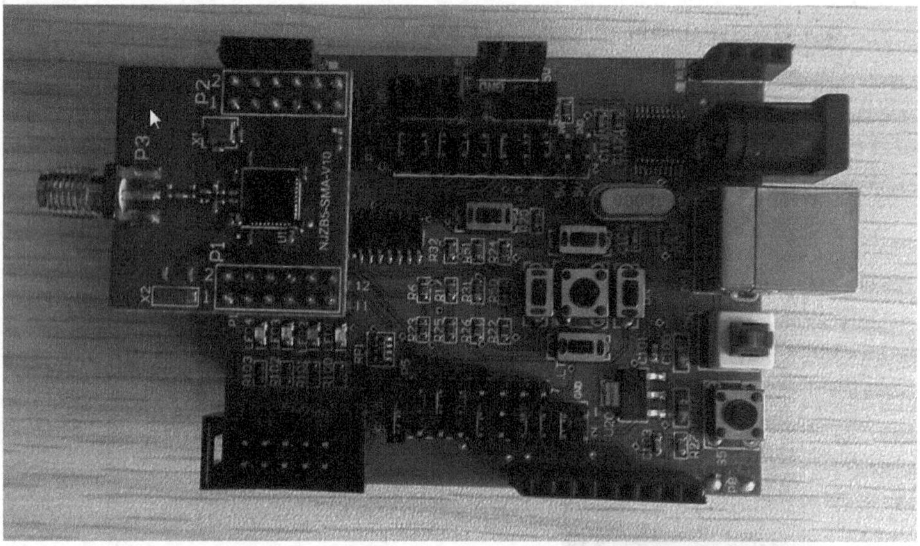

图 2-32 ZigBee 设备

ZigBee 设备由两部分组成：ZigBee 核心模块和 ZigBee 电池板，下面将详细讲解这两部分的功能。

2.3.1 ZigBee 核心模块

ZigBee 核心模块是 ZigBee 设备的核心，它控制着 ZigBee 电池板上的外设，如图 2-33 所示。

ZigBee 核心模块的主要芯片是 CC2530，CC2530 是 ZigBee 设备的控制中心，通过软件设置可以实现数据的发送和接收，实现 ZigBee 协调器、ZigBee 路由器和 ZigBee 终端设备三种角色的各种功能。

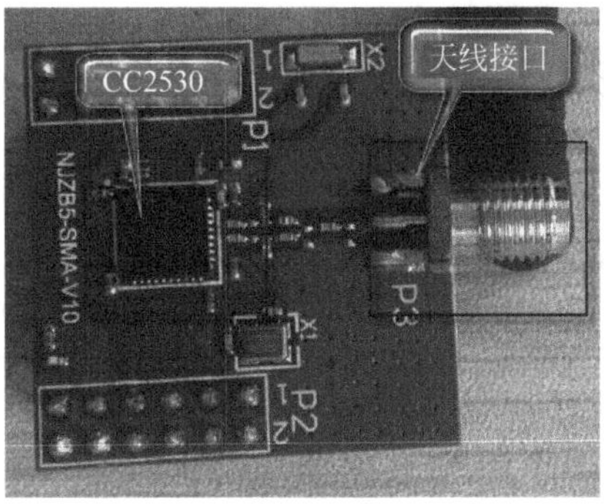

图 2-33　ZigBee 核心模块

2.3.2　ZigBee 电池板

ZigBee 电池板主要为 ZigBee 核心模块提供电源，包括外部 5V 供电和独立 3.3V 电池供电，并扩展了一些外部设备，包括 USB 接口、按键（包括复位按键、A/D 按键和 I/O 按键）、仿真器接口、传感器接口、继电器接口、ZigBee 核心模块插接处，如图 2-34 所示。

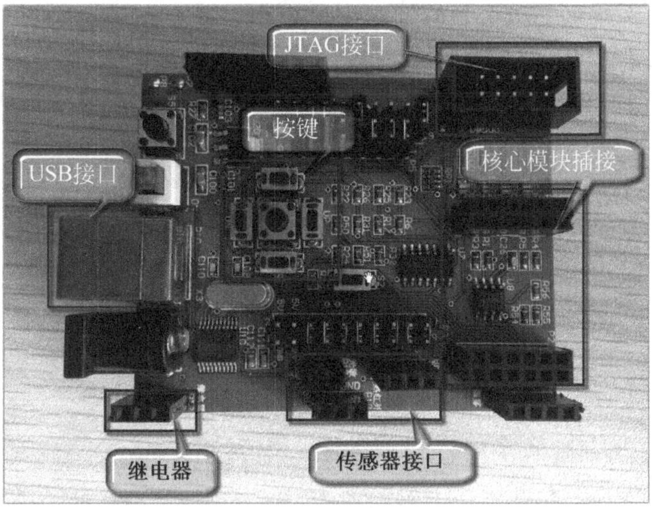

图 2-34　ZigBee 电池板

- USB 接口：连接 USB 线，提供串口通信。
- 按键：主要负责 CC2530 复位和人机交互功能。
- JTAG 接口：主要负责连接 ZigBee 仿真器，提供程序下载至 CC2530 芯片内部，并支持在线调试功能。
- 传感器接口：提供光敏传感器接口、温度传感器接口、热红外传感器接口、烟雾传感器接口。
- 继电器接口：提供 I/O 输出接口，主要负责控制其他设备，例如灯泡、电机等。
- ZigBee 核心模块插接处：主要负责连接 CC2530 核心模块。

2.4 贯穿项目实现

本章以下内容将实现贯穿项目"新建一个名称为 QST 的工程"。IAR 安装完成后，可以通过"开始"→"所有程序"→IAR Systems→IAR Embedded Workbench for MCS-51 7.51A Evaluation→IAR Embedded Workbench 启动 IAR，如图 2-35 所示。

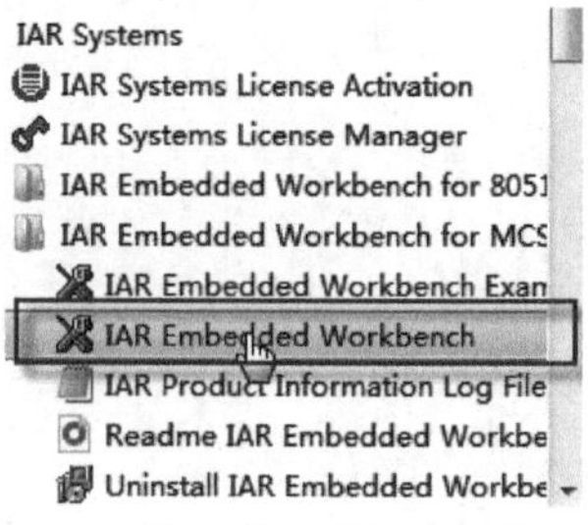

图 2-35　启动 IAR

打开 IAR 之后，会出现如图 2-36 所示界面，并且会弹出 Embedded Workbench Startup 对话框。

在 Embedded Workbench Startup 对话框中选择 Create new project in current workspace 选项，新建一个工程，如图 2-37 所示。如果要打开已经存在的工程，可以选择 Recent workspace 中存在的工程，比如本例程中的 light_switch 工程，直接选择后单击 Open 按钮即可打开工程。本书中选择新建一个工程。

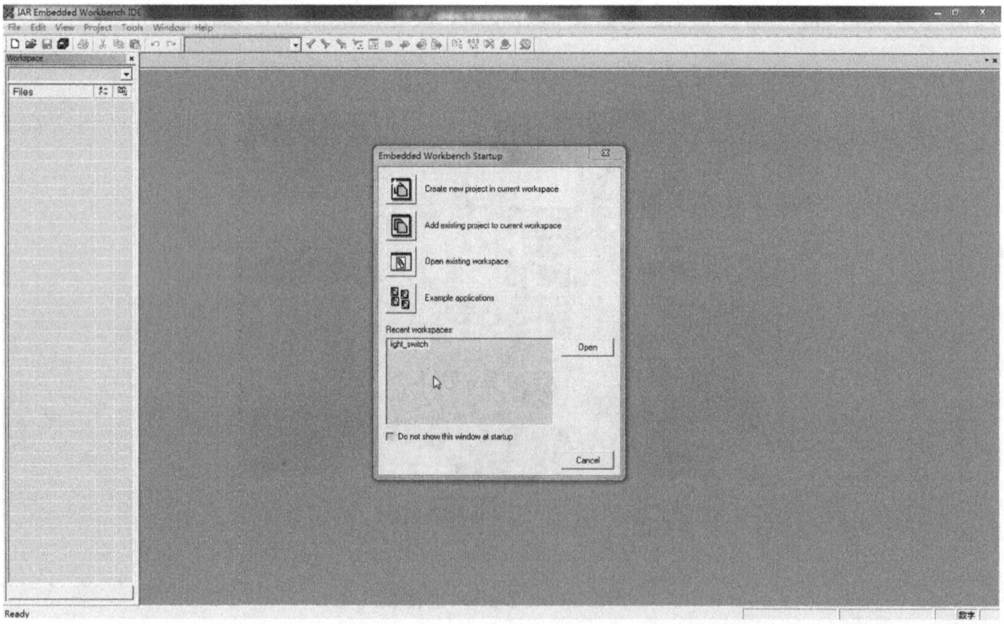

图 2-36　IAR 打开界面

单击 Create new project in current workspace 之后会弹出新建一个工程的窗口，然后单击 OK 按钮创建一个空的工程，如图 2-38 所示。

新创建的工程必须有一个保存路径，这里选择"ZigBee 技术开发与应用→Task→2. T. 1"，并且将工程的名称保存为 Task2_1，如图 2-39 所示。

在创建一个新的 IAR 工程时，需要保存两个文件，即后缀名为. ewp 的文件和后缀名为. eww 的文件，. ewp 是工程的后缀名，而. eww 文件为工程空间文件的后缀名。保存完. ewp 文件后的界面如图 2-40 所示。

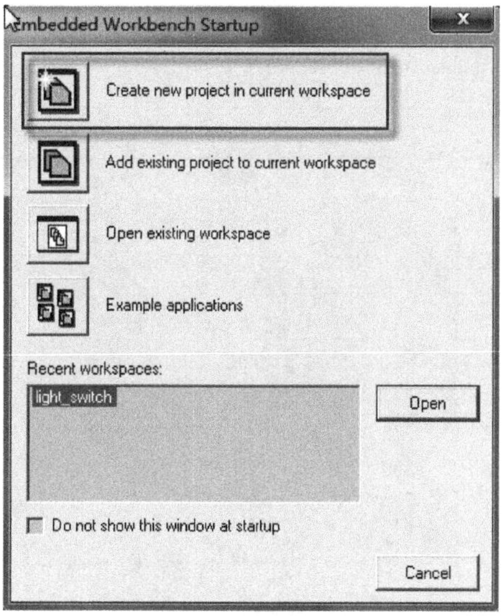

图 2-37 新建一个工程

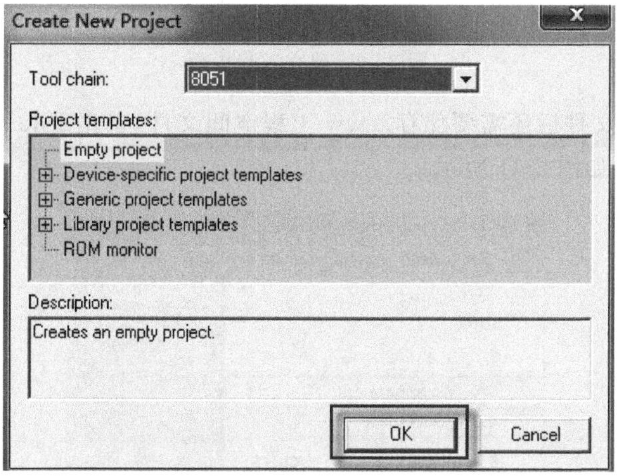

图 2-38 新建一个空的工程

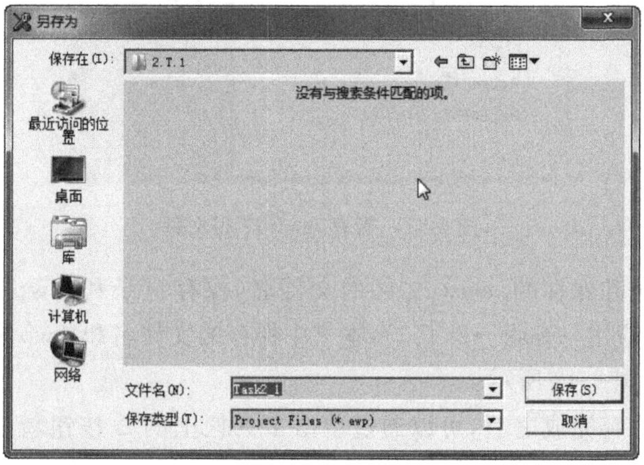

图 2-39 保存工程

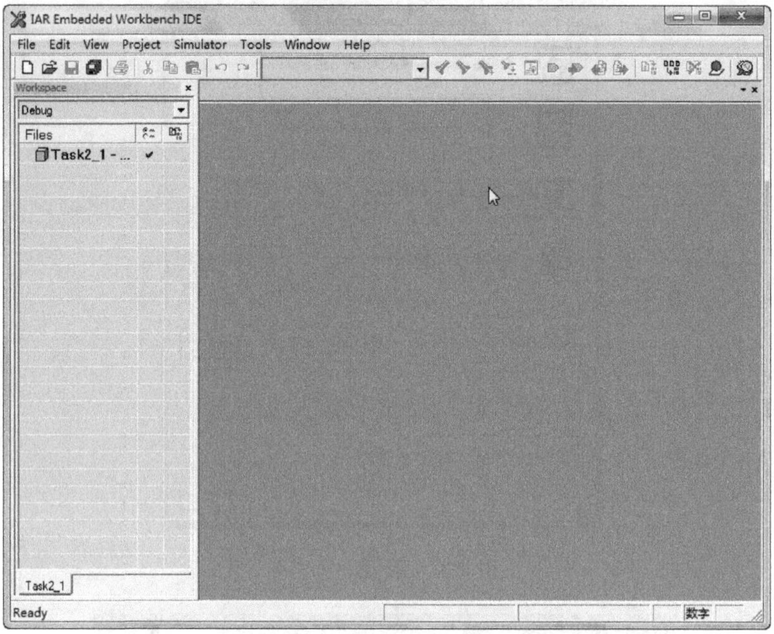

图 2-40　建立工程界面

在保存完. ewp 文件后还需要保存. eww 工程空间文件，单击 File→Save Workspace 命令，保存. eww 文件，如图 2-41 所示。

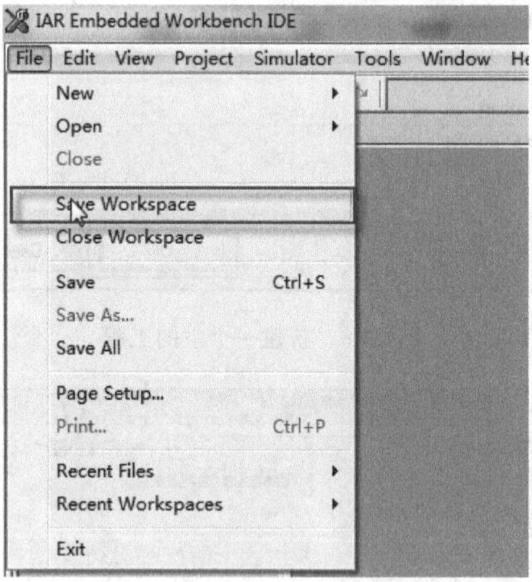

图 2-41　保存. eww 工程文件

选择保存的目录和保存的. eww 文件的文件名，保存目录和. ewp 的保存目录相同，为"ZigBee 技术开发与应用→Task→2. T. 1"，本书中保存的文件名和. ewp 文件名同为 Task2_1，单击"保存"按钮，如图 2-42 所示。

工程空间文件保存完成之后，可以通过单击工具栏上的 🗋 按钮新建一个源文件来编写程序，后缀名为. c，如图 2-43 所示。

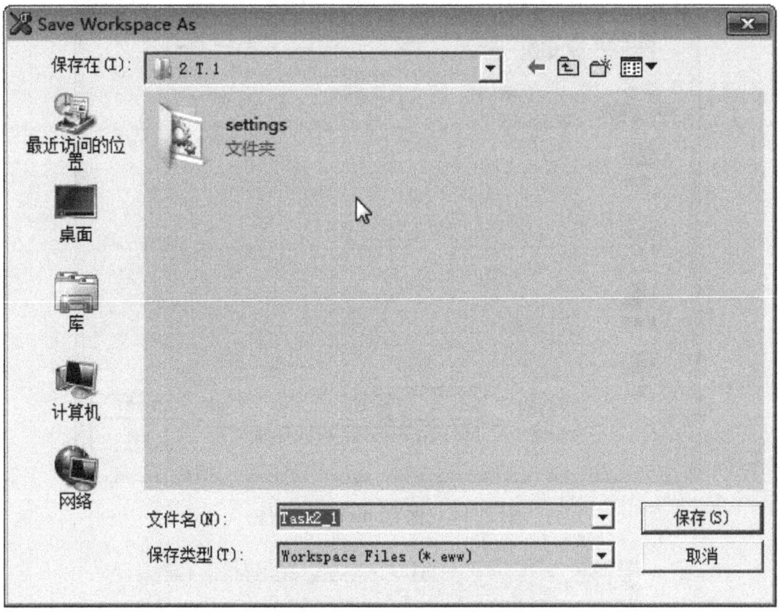

图 2-42　保存.eww 文件

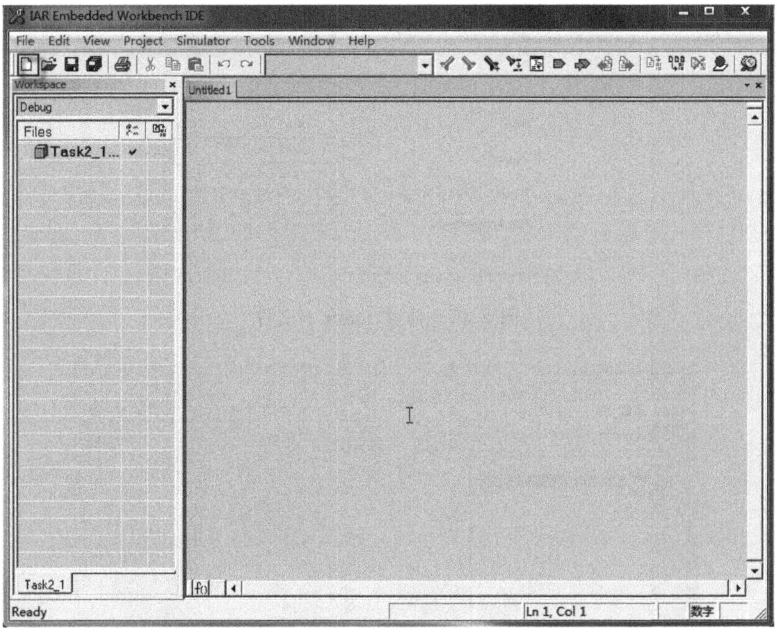

图 2-43　新建文件

单击“保存”按钮将 Untitled1 保存为 main.c，保存路径为“ZigBee 技术开发与应用→Task→2.T.1”，如图 2-44 所示。

选择 Task2_1-Debug 右击，选择 Add→Add "main.c"命令，将 main.c 文件添加至工程中，如图 2-45 所示。

将 main.c 文件添加至工程中之后，就可以进行代码的编写，如图 2-46 所示。

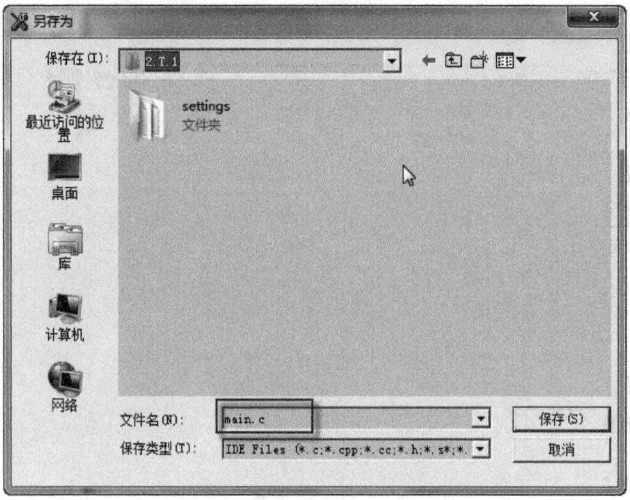

图 2-44　保存 main.c 文件

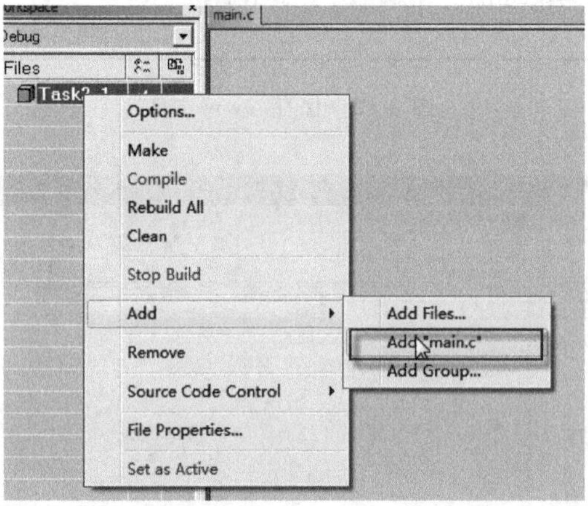

图 2-45　添加 main.c 文件

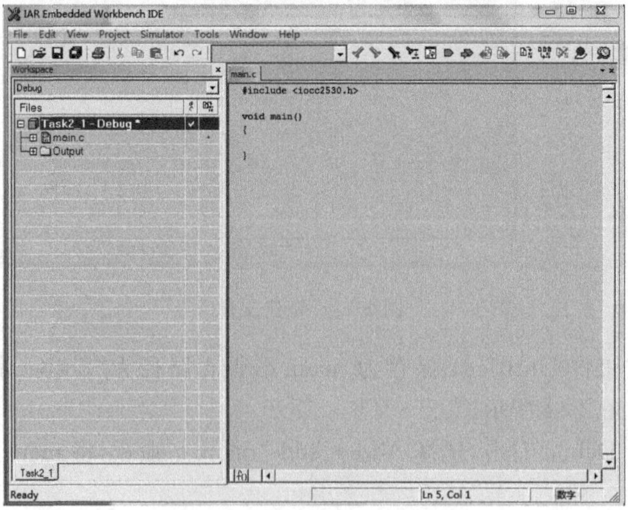

图 2-46　编写程序

程序编写完成之后，连接硬件可以进行编译、下载，在编译、下载之前需要进行一些设置，右侧项目窗口中，选中 Task2_1-Debug，在其右键快捷菜单中选择 Options 选项，选择 General Options→Target→Device information→Device→CC2530 选项，如图 2-47 所示。

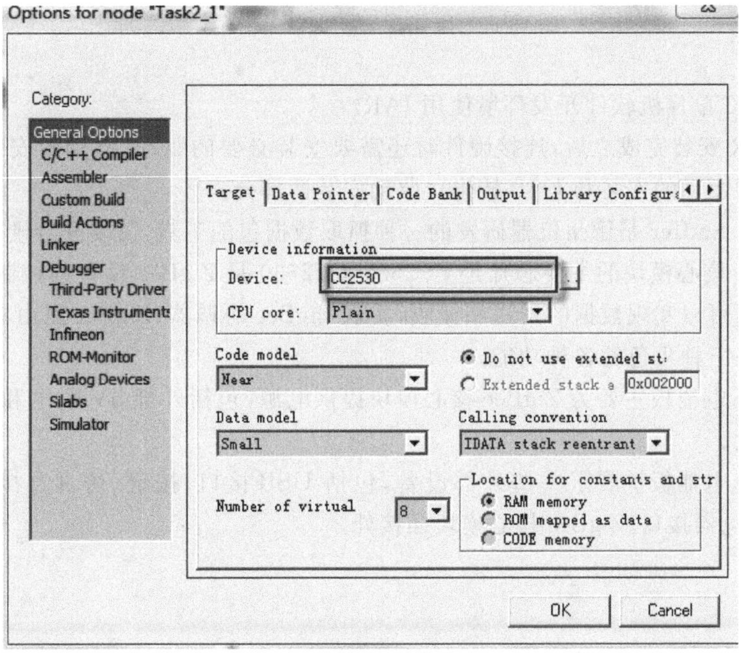

图 2-47　设备选择为 CC2530

选中 Debugger→Setup→Driver，在下拉菜单中选择 Texas Instruments，单击 OK 按钮，即可完成选项设置，如图 2-48 所示。

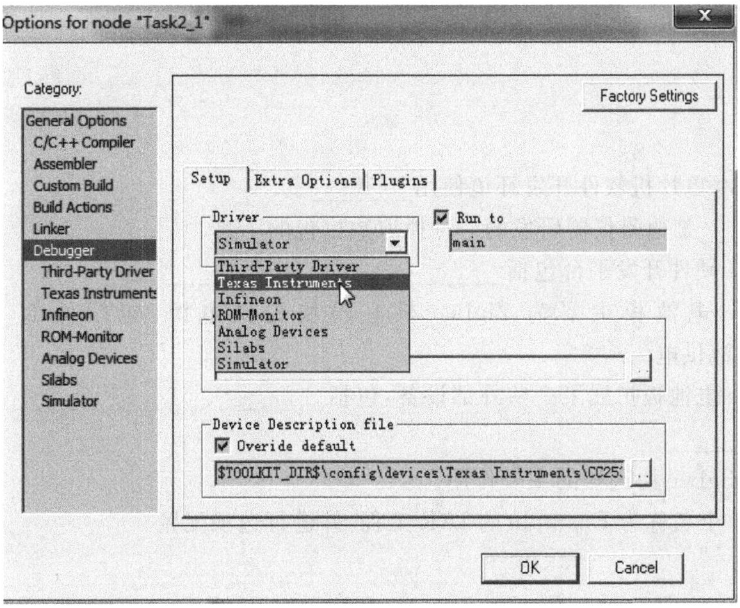

图 2-48　配置 Debugger 选项

本章总结

小结

- CC2530 单片机软件开发环境使用 IAR。
- 在 IAR 安装完成之后，连接硬件时还需要安装必要的驱动，驱动的安装包括 ZigBee 仿真器驱动的安装和 USB 转串口驱动安装两部分。
- Packet Sniffer 是德州仪器研发的一种抓取数据包的工具，需要配合硬件一起使用。
- ZigBee 核心模块的主要芯片是 CC2530，CC2530 是 ZigBee 设备的控制中心，通过软件设置可以实现数据的发送和接收，实现 ZigBee 协调器、ZigBee 路由器和 ZigBee 终端设备三种角色的各种功能。
- ZigBee 电池板主要为 ZigBee 核心模块提供电源，包括外部 5V 供电和独立 3.3V 电池供电。
- ZigBee 电池板扩展了一些外部设备，包括 USB 接口、按键、仿真器接口、传感器接口、继电器接口、ZigBee 核心模块插接处。

Q&A

问题：在安装 IAR 软件时，64 位操作系统安装不成功的原因？

回答：在本书中安装的 IAR 软件版本为 EW8051-EV-7.51A，适用于 32 位操作系统，对于 64 位操作系统的用户，应该下载 IAR 8.10 以上版本，并且需要安装 64 位驱动才可。

章节练习

习题

1. CC2530 单片机软件开发环境使用________。
2. ________是德州仪器研发的一种抓取数据包的工具。
3. ZigBee 硬件开发平台包括________、________和________。
4. ZigBee 电池板主要为 ZigBee 核心模块提供电源，包括外部________供电和________电池供电。
5. ZigBee 电池板扩展了一些外部设备，包括________、________、________、________、________、________。
6. 简述 ZigBee 协调器的主要作用。
7. 新建一个名称为 Example 的 IAR 工程，并进行选项配置。

第3章 硬件设计

任务驱动

本章任务是完成“基于 ZigBee 的智能家居设计”项目的硬件环境搭建：硬件设备的连接，下载、调试程序。

学习导航/课程定位

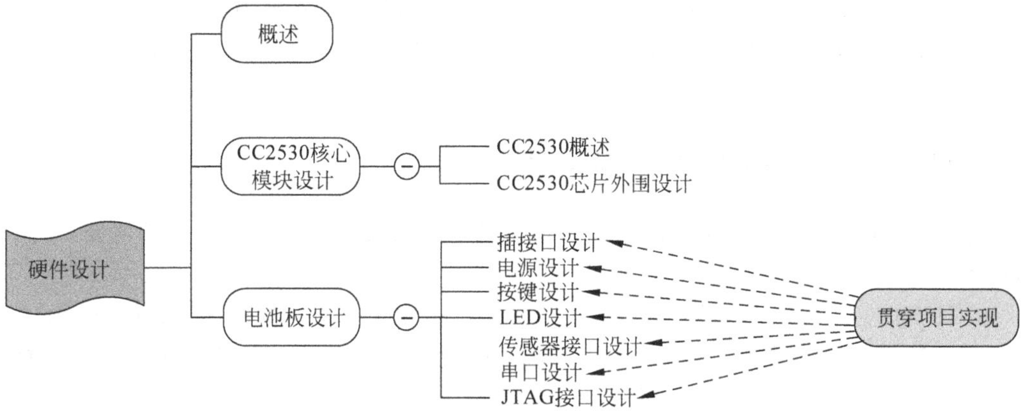

本章目标

知识点	Listen(听)	Know(懂)	Do(做)	Revise(复习)	Master(精通)
CC2530 芯片外围设计	★	★			
电池板插接口设计	★	★	★		
电池板电源设计	★	★	★	★	
电池板按键设计	★	★	★	★	★
电池板 LED 设计	★	★	★	★	★
电池板串口设计	★	★	★	★	★
程序的下载和调试	★	★	★	★	★

3.1 概述

本书采用的硬件平台为 ZigBee 开发平台，此平台包含六个 ZigBee 节点、ZigBee 仿真器、5V 电源等。本章主要介绍 ZigBee 模块的硬件设计，ZigBee 模块包括两部分：CC2530 核心模块和 ZigBee 电池板。

3.2 CC2530 核心模块设计

CC2530 核心模块是 ZigBee 节点的核心部分即 CPU 板，由主控芯片 CC2530 及其外围设备组成。本节以下内容主要介绍 CC2530 芯片及其外围电路的硬件设计。

3.2.1 CC2530 概述

CC2530 芯片是德州仪器研发的新一代 ZigBee 片上系统解决方案，建立在基于 IEEE802.15.4 标准协议之上。CC2530 集成了领先的 RF 收发器的优良性能，业界标准的增强型 8051 内核，系统内可编程 Flash 存储器，8KB RAM 及其他强大功能。根据闪存的大小 CC2530 有四种不同的版本：CC2530F32/64/128/256，本书介绍的硬件平台采用 CC2530F256 版本。

3.2.2 CC2530 芯片外围设计

本书中 CC2530 芯片外围电路设计包括射频电路的设计、晶振、电源去耦电路设计、外围扩展接口的设计。

CC2530 芯片有 40 个引脚，其中 21 个 I/O 引脚，6 个 2.6～3.6V 模拟电源引脚，2 个 2.6～3.6V 数字电源引脚，1 个 1.8V 内部数字电源引脚，4 个 GND 引脚，2 个无线电输入信号引脚，2 个 32MHz 外部晶振引脚，1 个数字输入复位引脚和 1 个模拟 I/O 参考电流的外部精密偏置电阻引脚，如图 3-1 所示。

其中 I/O 引脚分三个端口：P0 口、P1 口、P2 口。

- P0 口有 8 个端口分别为 P0_0～P0_7；
- P1 口有 8 个端口分别为 P1_0～P1_7；
- P2 口有 5 个端口分别为 P2_0～P2_4。

其他各个引脚的功能说明如下：

- AVDD1～AVDD6 为模拟电源连接引脚；
- DVDD1～DVDD2 为数字电源连接引脚；
- DCOUPL 为 1.8V 数字电源去耦电路，可以不使用外部电路供电；
- GND 为接地引脚，需要连接到可靠的地参考；
- RESET_N 为复位引脚，此处应该连接复位电路；
- XOSC_Q1 和 XOSC_Q2 为外部 32MHz 晶振引脚；

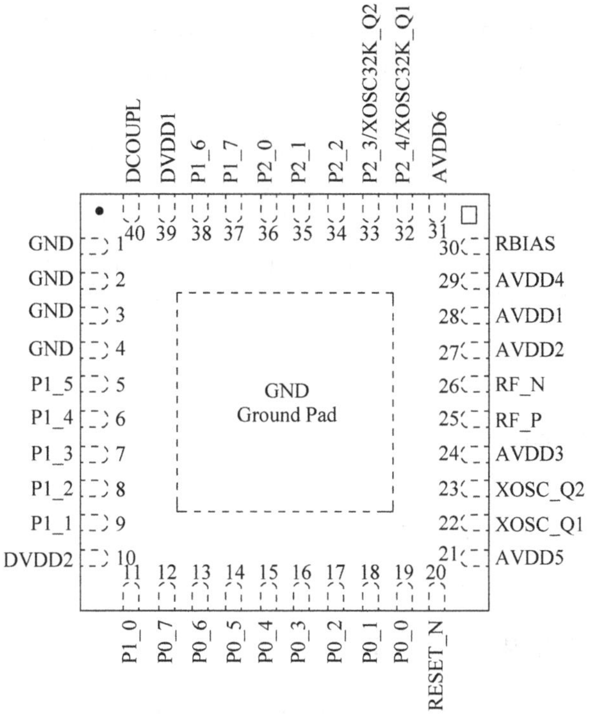

图 3-1　CC2530 引脚图

- P2_3 和 P2_4 可作为连接 32.768kHz 外部晶振的引脚，因此 P2_3 和 P2_4 在作为 32.768kHz 外部晶振引脚时，不使用这两个引脚作为通用 I/O 接口；
- RF_N 和 RE_P 为射频天线输入输出引脚。

CC2530 的核心模块系统设计电路如图 3-2 所示。

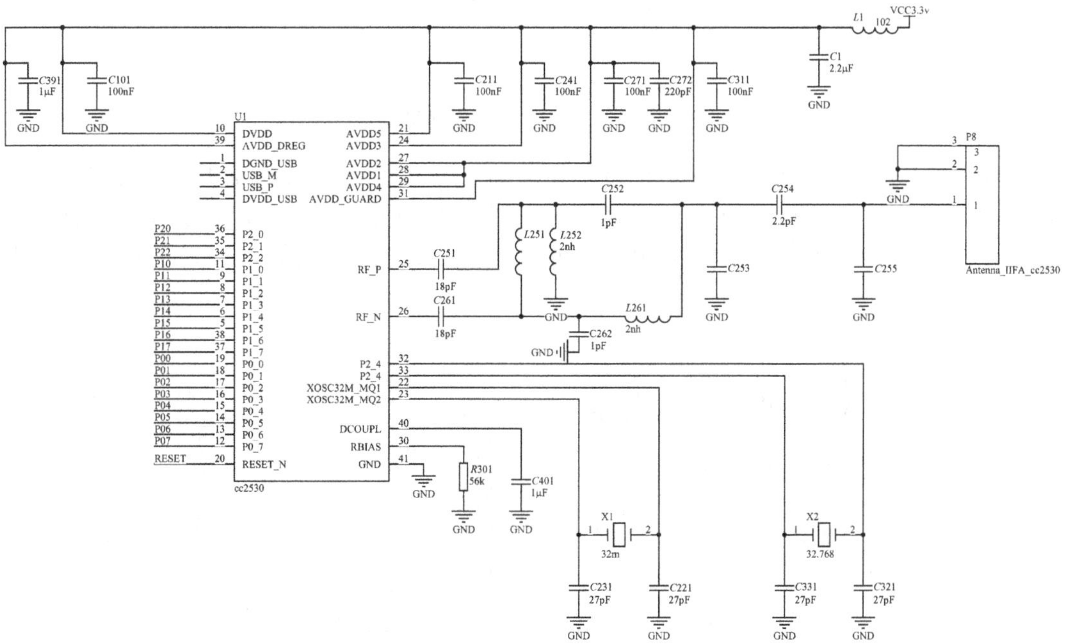

图 3-2　CC2530 核心模块设计

由于 CC2530 核心模块配合电池板一起使用，因此在设计 CC2530 核心模块时将 I/O 引脚扩展出来，采用插拔的方式与电池板连接，其接口电路设计如图 3-3 所示。

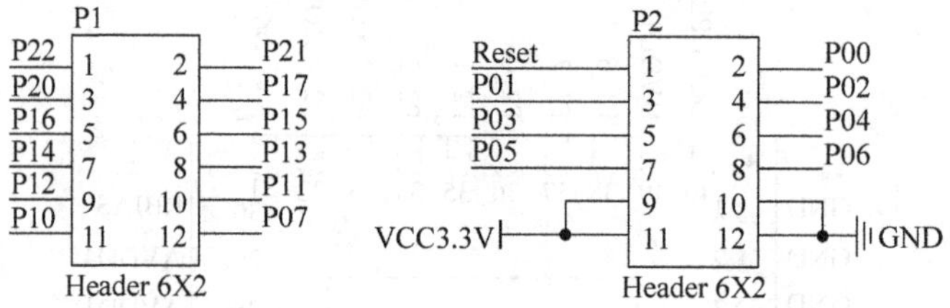

图 3-3　扩展引脚图

3.3 电池板设计

CC2530 电池板的主要设计工作包括插接口设计、电源设计、按键设计、传感器接口设计和串口设计，本节将对电池板主要部分进行讲解。

3.3.1 插接口设计

在电池板上，插接口主要用于做 CC2530 核心板接口即 I/O 插座以及对应的功能选择插接口。CC2530 电池板的 I/O 插座与 CC2530 核心板相对应的扩展引脚设计相同，这样才可以将 CC2530 的 I/O 端口引至电池板，其电路设计如图 3-4 所示。

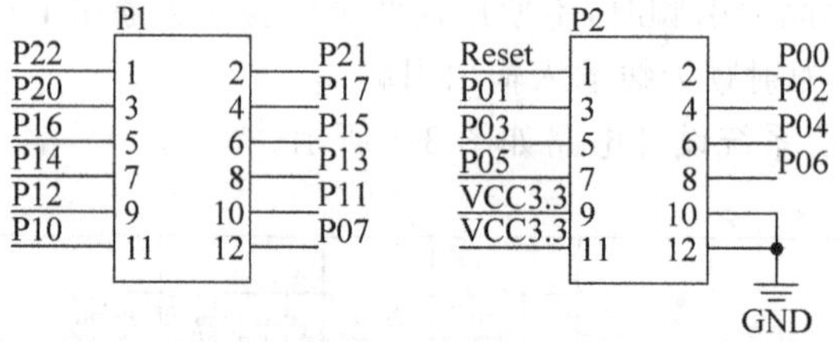

图 3-4　CC2530 核心板插接口

功能选择插接口是用来决定外围设备是否使用的，是通过跳线短接来实现选择不同功能。例如以下章节将会讲到的温度传感器 DS18B20 的电路设计与 LED2 的电路设计都是用了 CC2530 的 P1_1 端口，此时就需要使用短接帽来选择使用 LED 或者温度传感器，其电路设计如图 3-5 所示。

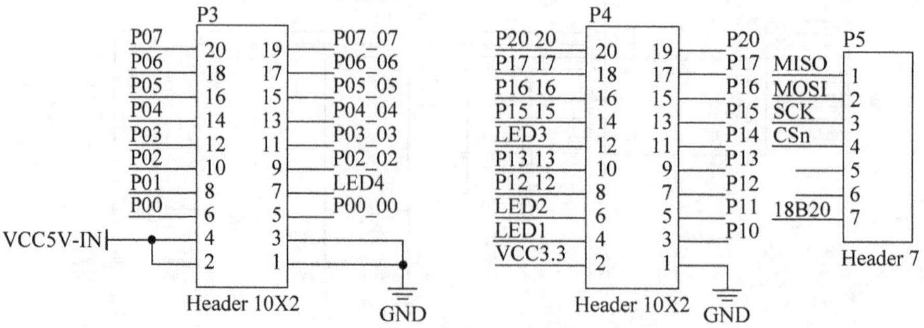

图 3-5　功能选择插接口

3.3.2 电源设计

由于 CC2530 采用 2.6～3.6V 电压供电，而外接的直流电源为 5V，因此电池板上的电源为 5V 转 3.3V 设计，本书中采用 AMS1117 电压转换芯片将输入的 5V 电压转换为 3.3V 电压输出，其设计电路如图 3-6 所示。

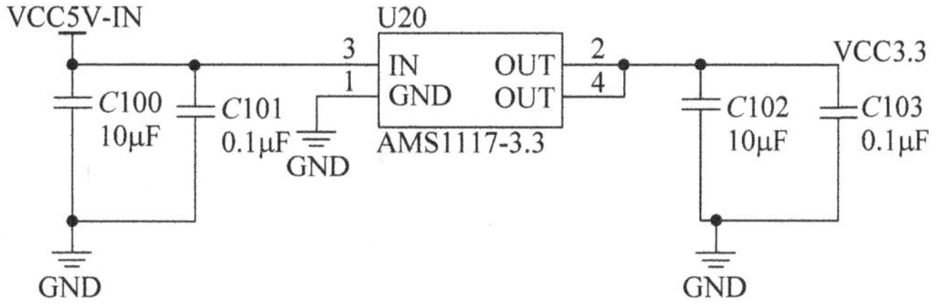

图 3-6 电压转换电路

电池板的电源设计除了将 5V 电压转换为 3.3V 电压之外，还提供了使用电池供电的功能，这也是电池板命名的原因。电池板采用两节 5 号电池串联进行供电，其设计电路如图 3-7 所示。电路中的 ON 为电源开关，其中 battery+ 和 battery- 为电池接入接口。

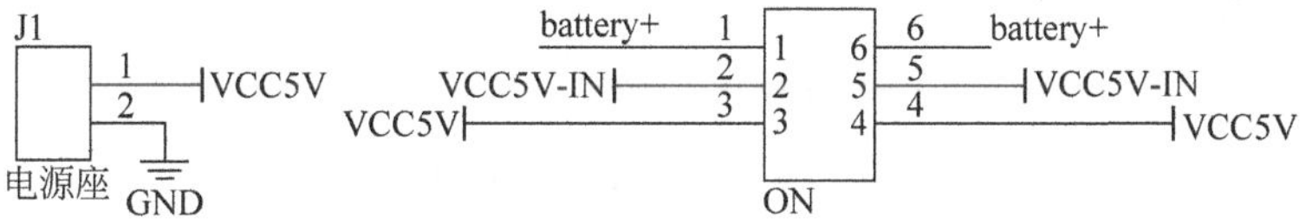

图 3-7 电源接口和电池供电设计

3.3.3 按键设计

CC2530 电池板按键设计主要有功能按键和复位按键两种，其中功能按键又分为 AD 按键(即 S1～S4)和 I/O(即 S5)按键两种。AD 按键包含按键信号检测和键值检测两部分。按键信号检测部分采用 74HC32D 或门将所有 5 个按键的信号或在一起，任何一个按键的动作都会输出高电平信号至 CPU 的 P2_0 引脚。同时 P06_06 通过采集输入的电压值来判断是哪个按键按下，其电路设计如图 3-8 所示。

I/O 按键连接 CC2530 的 P0_5 端口，采用低电平触发方式，即当 I/O 按键按下时 P0_5 端口输入的为低电平，其电路设计如图 3-9 所示。

3.3.4 LED 设计

电池板上有 4 个 LED，即 LED1～LED4。分别连接 CC2530 的 P1_0、P1_1、P1_4 和 P0_1 端口，采用高电平有效的方式，即当相应的 I/O 端口输出高电平时，LED 点亮。其电路设计如图 3-10 所示。

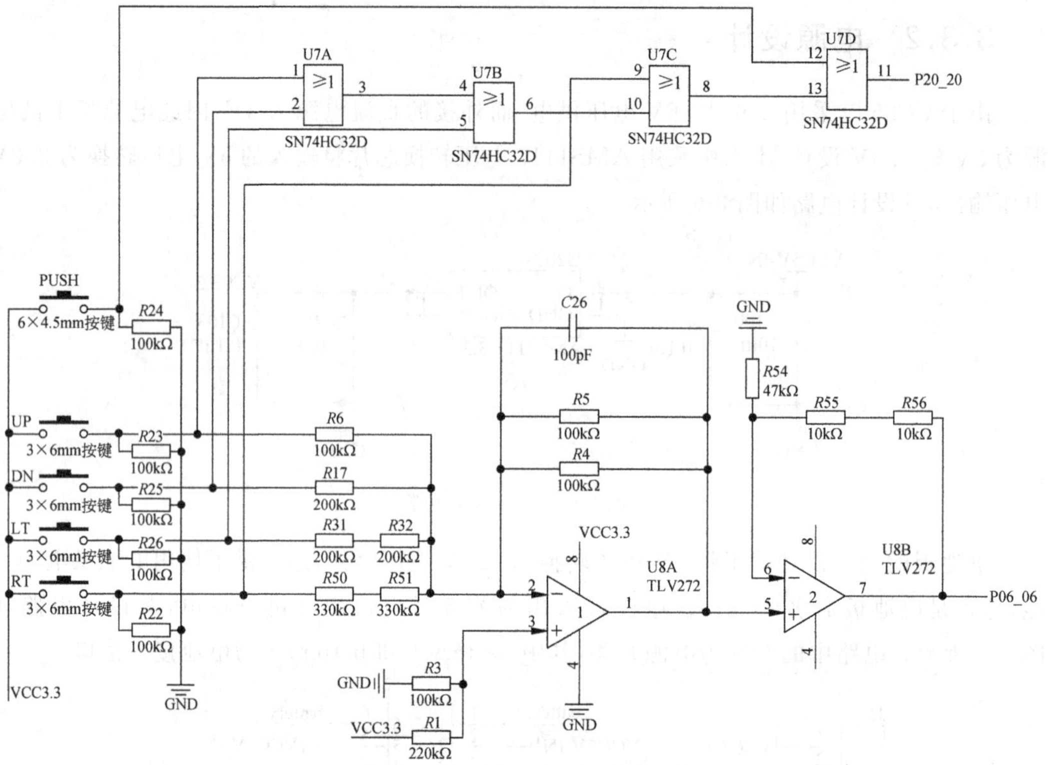

图 3-8　AD 按键电路设计

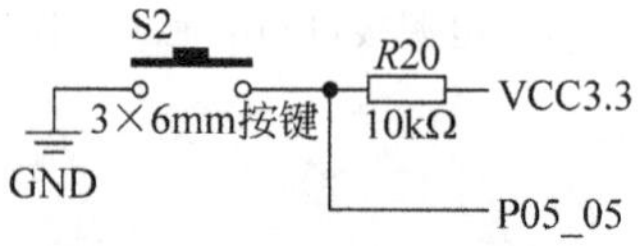

图 3-9　I/O 按键电路设计

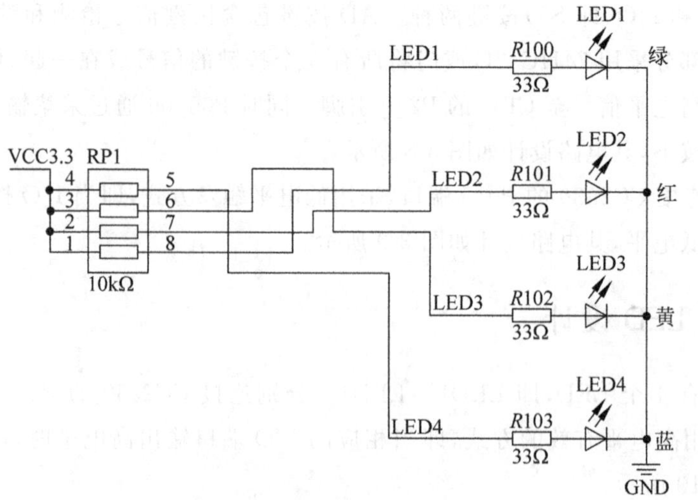

图 3-10　LED 电路设计

3.3.5 传感器接口设计

电池板上集成了 DS18B20 温度传感器接口、光敏传感器接口、热红外传感器接口和烟雾传感器接口。由于在本书中只使用温度传感器和光敏传感器，因此本节只介绍温度传感器接口和光敏传感器接口。

温度传感器 DS18B20 有 3 个引脚，分别是控制引脚、电源引脚和接地引脚，因此在设计时只需要将 DS18B20 的控制引脚连接至 CC2530 的 I/O 口即可，本设计是将 DS18B20 的控制引脚连接至 CC2530 的 P1_1 端口，其设计电路如图 3-11 所示。

光敏传感器接口可以外接光敏电阻，光敏电阻的控制引脚连接 CC2530 的 P0_1 端口，如图 3-12 所示。

图 3-11　温度传感器接口

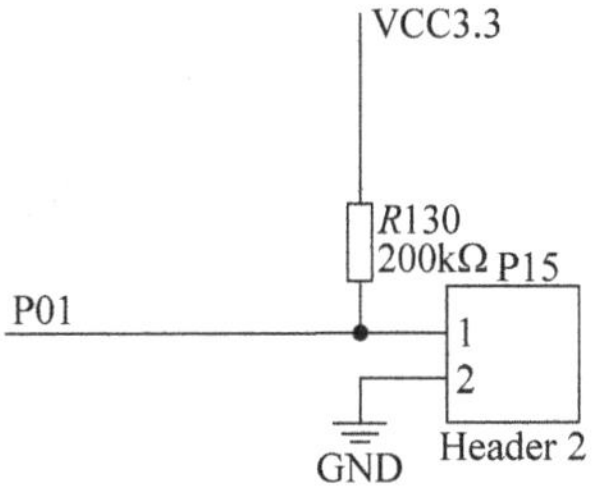

图 3-12　光敏传感器接口

3.3.6 串口设计

串口主要用于设备与设备或设备与 PC 之间的通信，但是大多数嵌入式单片机的的串口由于电平标准与 PC 电平不一致，因此无法直接连接到 PC，需要在两者之间添加电平转换芯片。为了方便在 PC 上进行数据传输，在串口电路的设计上采用了模拟串口技术。即电池板上提供一个 USB 接口，用来连接到 PC，但是在 PC 端会通过驱动程序产生一个模拟的串口，用来跟 CC2530 进行数据的传输。本书中 USB 转串口的功能是通过 CH340 芯片来实现的，其电路设计如图 3-13 所示。

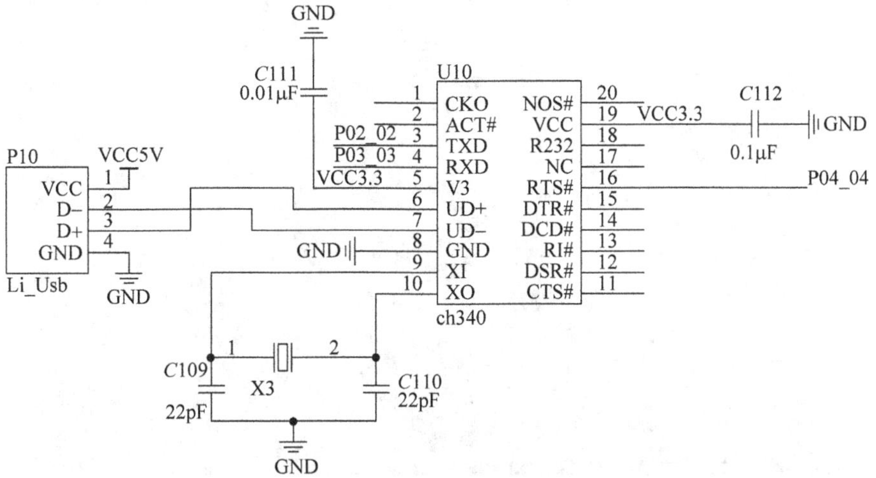

图 3-13　USB 转串口电路设计

CH340 是一个 USB 总线转接芯片，实现 USB 转串口，USB 转红外或者 USB 转打印口。在 USB 转串口的设计方式下，CH340 提供常用的 MODEM 联络信号，用于为计算机扩展异步串口，或者将普通串口设备直接升级到 USB 总线。由于在 CH340 的 RTS＃引脚是 MODEM 联络输出信号，请求发送，因此在本次设计中将 CH340 的 RTS＃引脚与 CC2530 的 P0_4 端口相连，另外串口的发送和接收连接至 CC2530 的 P0_2 和 P0_3 引脚。

3.3.7 JTAG 接口设计

JTAG 口主要功能是下载调试程序，计算机通过此接口与 CC2530 单片机相连，将程序下载至单片机，并进行在线调试。CC2530 的 P2_1 和 P2_2 主要功能是下载调试程序。具体连接如图 3-14 所示。

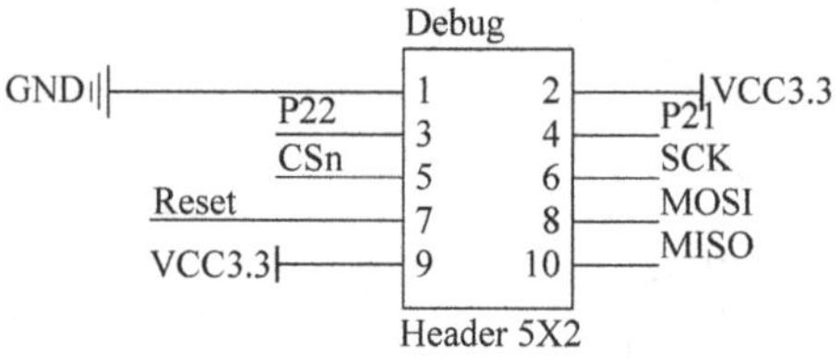

图 3-14　JTAG 接口

3.4 贯穿项目实现

本章任务驱动为硬件设备的连接和调试。硬件设备的连接包括三部分：CC2530 核心模块电池板的连接、仿真器与 JTAG 调试接口连接以及 2.4G 天线与 CC2530 核心模块的连接。

3.4.1 硬件设备连接

ZigBee 硬件平台包括电池板、ZigBee 核心模块、2.4GHz 天线、ZigBee 仿真器和数据线。其硬件平台如图 3-15 所示。

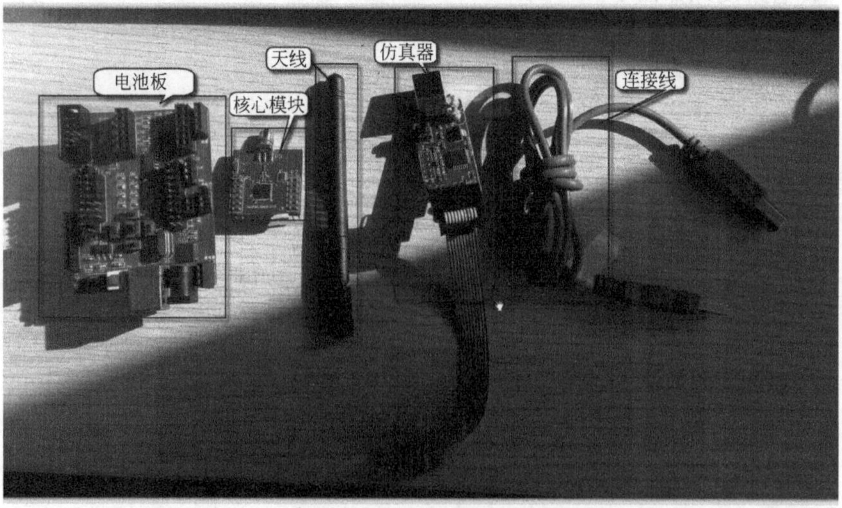

图 3-15　ZigBee 硬件平台

硬件连接次序是：2.4GHz 天线连接至 ZigBee 核心模块的 SMA 天线接口，ZigBee 核心模块通过 P1 和 P2 扩展口连接至电池板。ZigBee 仿真器一端连接至电池板的 JTAG 接口，另外一端连接至 PC 的 USB 接口。ZigBee 硬件平台连接示意图如图 3-16 所示。

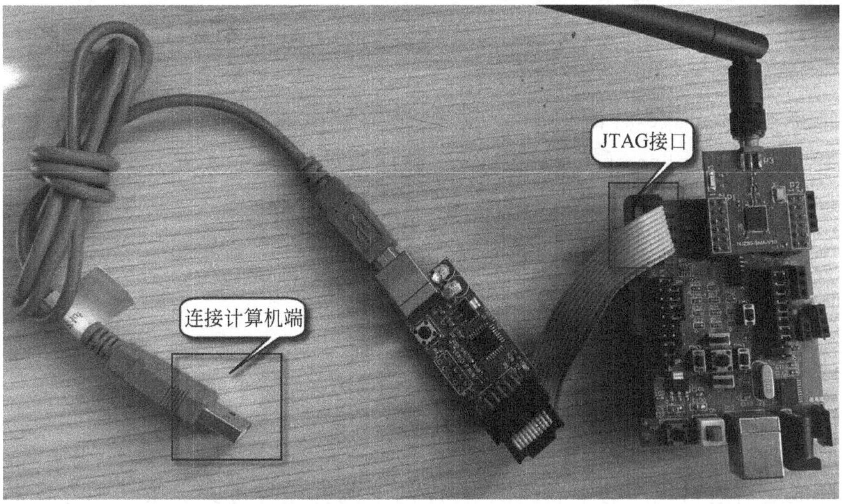

图 3-16 ZigBee 硬件平台连接示意图

3.4.2 程序下载调试

将 ZigBee 节点通过 USB 接口连接至 PC，使用 IAR 软件打开 2.T.1 中的 Task2_1 项目，首先需要对程序进行编译。编译程序有两种方法，第一种：在菜单栏中单击 Project→Rebuild All 命令编译程序。其操作过程如图 3-17 所示。

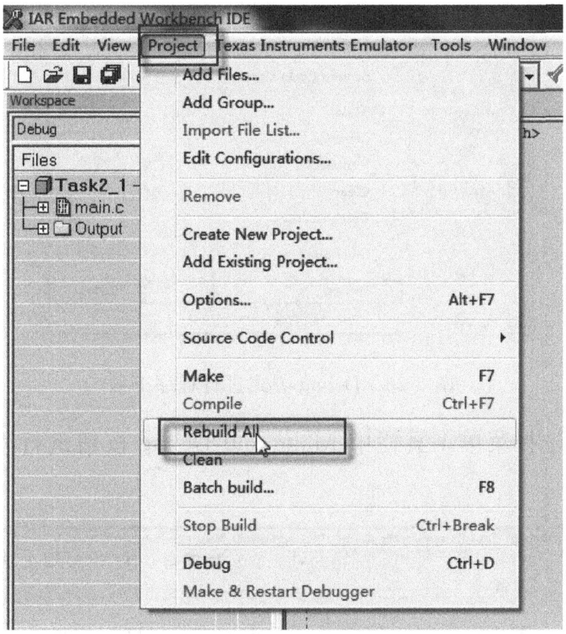

图 3-17 Rebuild All 命令

第二种：选择菜单工具栏中的 Make 按钮进行编译程序。其操作如图 3-18 所示。

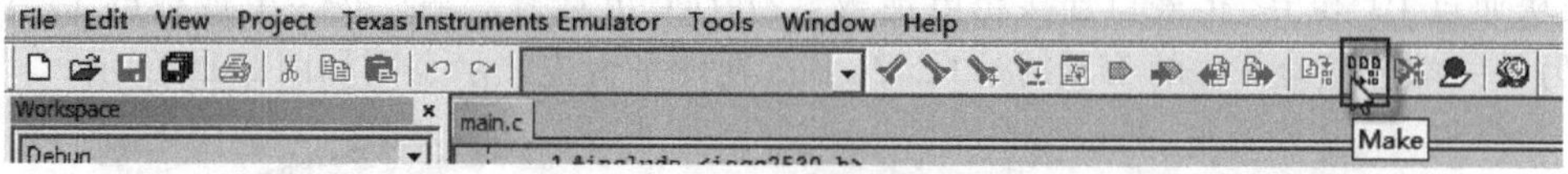

图 3-18　Make 编译程序

编译结果在 Message 对话框中显示，如果编译没有错误，则显示“Total number of errors：0”和“Total number of warnings：0”，编译结果如图 3-19 所示。

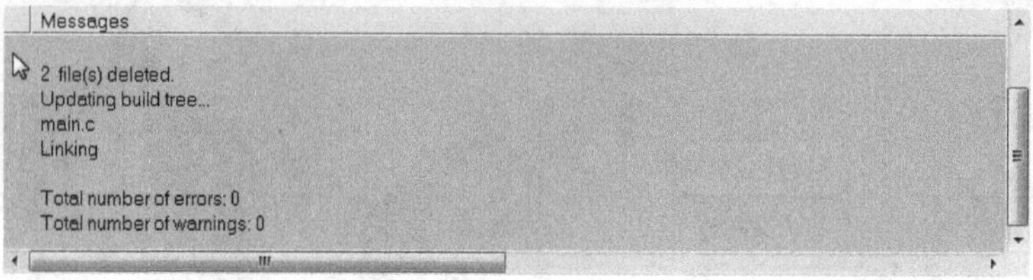

图 3-19　编译结果

编译完成之后进行程序的下载调试，程序的下载有三种方式。第一种方式通过选择菜单工具栏中的 Project→Debug 命令进行程序的下载，如图 3-20 所示。

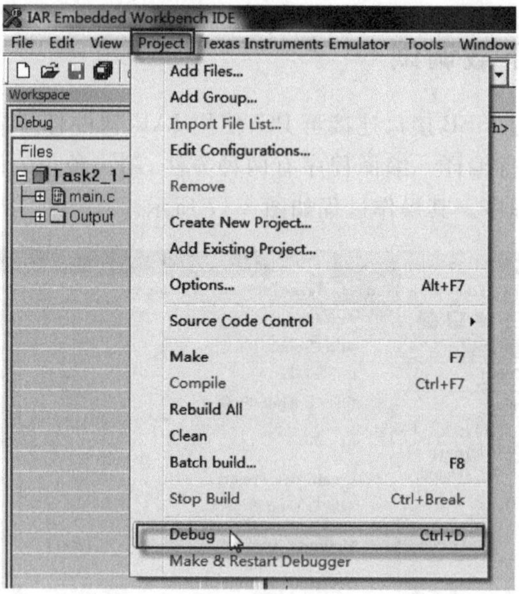

图 3-20　Debug 方式进行程序下载

第二种方式通过选择菜单工具栏中 Make and Debug 按钮进行程序的编译和下载，如图 3-21 所示。

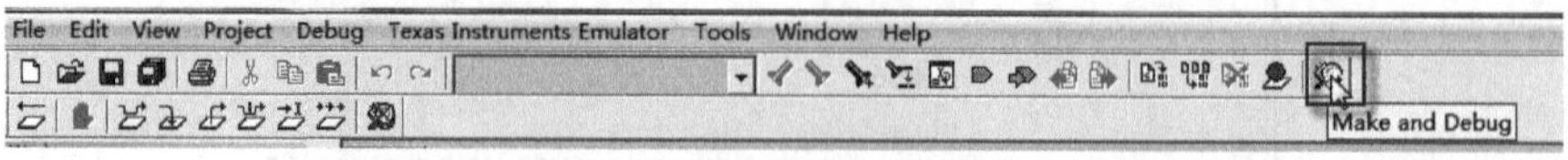

图 3-21　通过 Make and Debug 进行程序下载调试

第三种方式通过快捷键 Ctrl+D 的方式进行程序的下载。以上三种方式均可以成功地下载程序。程序下载完成后，其界面如图 3-22 所示。

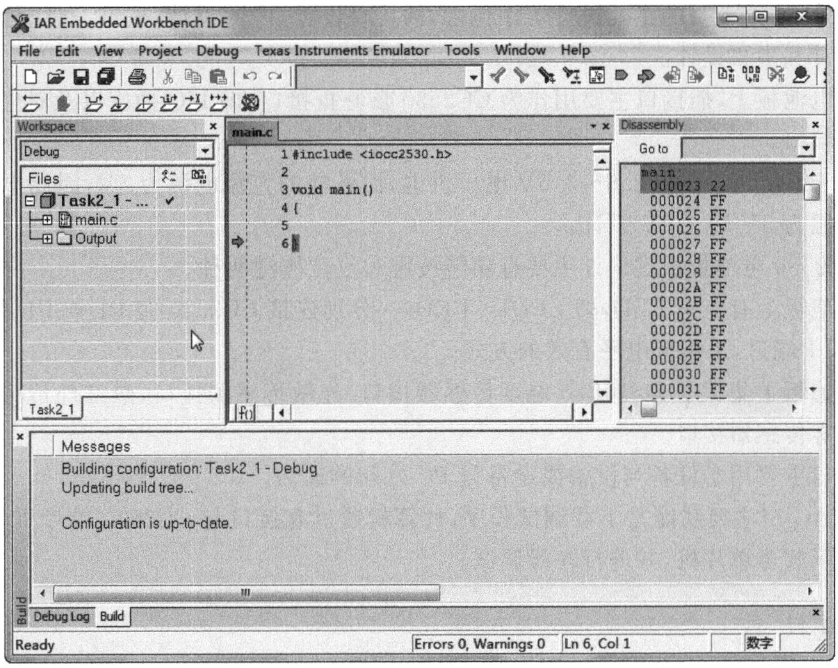

图 3-22 程序下载成功界面

在程序下载成功后，可以对程序进行调试，一旦程序下载成功，会自动出现调试工具栏。其调试工具栏如图 3-23 所示。

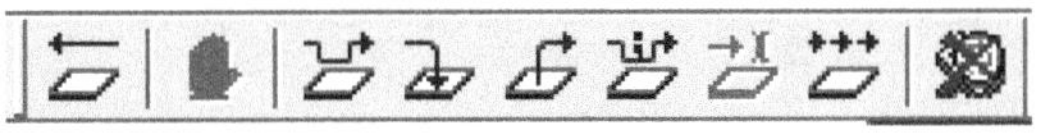

图 3-23 调试工具栏

其中各个按钮的作用如下所述：

- 按钮的作用为复位，返回程序开始重新调试程序。
- 按钮的作用为单步调试程序。
- 按钮的作用为进入函数内部调试程序。
- 按钮的作用为跳出函数调试程序。
- 按钮的作用为全速运行。

本章总结

小结

- ZigBee 硬件开发平台，此平台包含 6 个 ZigBee 节点、ZigBee 仿真器、5V 电源等。
- CC2530 芯片是德州仪器公司研发的新一代 ZigBee 片上系统解决方案，建立在基于 IEEE 802.15.4 标准协议之上。

- CC2530 芯片外围电路设计包括射频电路的设计、晶振、电源去耦电路设计、外围扩展接口的设计。
- CC2530 电池板的主要设计工作包括，插接口设计、电源设计、按键设计、传感器接口设计和串口设计。
- 在电池板上，插接口主要用作为 CC2530 核心板接口，即 I/O 插座以及对应的短路跳线接口。
- 由于 CC2530 采用 2.6～3.6V 电压供电，而外接的直流电源为 5V，因此电池板上的电源为 5V 转 3.3V 设计。
- CC2530 电池板按键设计主要有功能按键和复位按键两种。
- 电池板上有 4 个 LED，即 LED1～LED4。分别连接 CC2530 的 P1_0、P1_1、P1_4 和 P0_1 端口，采用低电平有效的方式。
- 电池板上集成了 DS18B20 温度传感器接口、光敏传感器接口、热红外传感器接口和烟雾传感器接口。
- 串口主要用于设备与设备或设备与 PC 之间的通信。
- JTAG 口主要功能是下载调试程序，计算机通过此接口与 CC2530 单片机相连，将程序下载至单片机，并进行在线调试。

Q&A

问题：CC2530 电池板的扩展功能插接口如何使用？

回答：CC2530 电池板的扩展功能通过 I/O 的短接功能来实现的。比如扩展功能 DS18B20 是通过短接帽将 P5 的 DS18B20 引脚与 P4 的 P1_1 引脚连接起来。

章节练习

习题

1. CC2530 芯片外围电路设计包括________、________、________、________的设计。
2. 电池板上有 4 个 LED，即 LED1～LED4。分别连接 CC2530 的________、________、________和________端口，采用低电平有效的方式。
3. 电池板上集成了________接口、________接口、________接口和________接口。
4. 简述插接口的功能。
5. 电路设计：设计一个 5V 转 3.3V 电压转换电路。

第4章 CC2530基础开发

任务驱动

基于 ZigBee 的智能家居环境信息采集系统必须通过传感器进行信息采集，本章将完成任务驱动的传感信息采集。具体任务如下：

- CC2530 控制 DS18B20 采集温度信息。
- CC2530 采集光照信息。

学习导航/课程定位

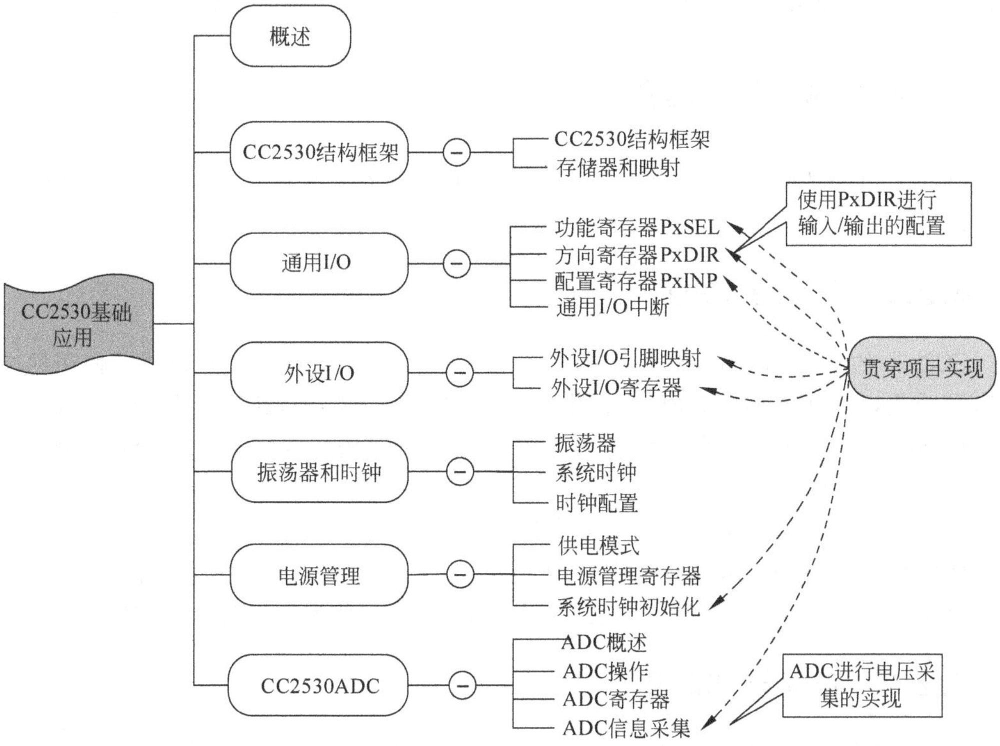

本章目标

知识点	Listen(听)	Know(懂)	Do(做)	Revise(复习)	Master(精通)
CC2530CPU 的认知	★	★			
存储器和映射的关系	★	★	★		
通用 I/O 寄存器	★	★	★	★	★
通用 I/O 中断	★	★	★	★	★
外设 I/O 寄存器	★	★	★		
振荡器和时钟配置	★	★	★	★	
电源管理模式	★	★	★	★	
ADC 操作及寄存器	★	★	★	★	★
温度传感器的使用	★	★	★	★	★

4.1 概述

要完成基于 ZigBee 的智能家居信息采集系统必须先了解 CC2530 的基础知识，本章内容将讲解 CC2530 芯片的结构框架、I/O 端口、振荡器和时钟、电源管理和 ADC，并完成贯穿项目——传感信息的采集。

4.2 CC2530 结构框架

CC2530 的结构框架主要讲解 CC2530 的 CPU、存储器和映射以及寄存器和汇编指令。

4.2.1 CC2530CPU

CC2530 的 CPU 采用增强型 8051 内核，兼容业界标准的 8051 微控制器并使用标准的 8051 指令集，增强型 8051 指令的执行速度要比标准的 8051 执行速度要快，其原因如下：

- 标准的 8051 每个指令周期为 12 个时钟周期，但是增强型 8051 的每个指令周期为一个时钟周期。
- 增强型 8051 消除了总线状态的浪费。

增强型 8051 在内核结构上还做了一些改善，包括增加了第二个数据指针和一个扩展的 18 个中断单元。另外在寄存器方面也有所改动，使用了一些外设单元的特殊寄存器。

4.2.2 存储器和映射

在讲解存储器和映射之前需要了解两个概念：物理存储器和存储空间，在了解这两个概念之后才能理解存储器和映射的关系。

1. 物理存储器和存储空间

物理存储器和存储空间是两个不同的概念，但是这两者之间的关系比较密切，因此容易产生认识上的混淆。两个概念的阐述如下：

- 物理存储器是指实际存在的具体存储介质，比如芯片内部的 RAM、Flash、SFR 寄存器等。
- 存储空间是一个虚拟的空间，是指对存储器编码的范围。所谓编码，就是对每一个物理存储单元（通常是一个字节）分配一个编号，叫做“编址”。编址的目的在于方便找到存储器并完成数据的读写。

2. CC2530 物理存储器

CC2530 的物理存储器包括 RAM、闪存存储器即 Flash、信息页面、SFR 寄存器、XREG 寄存器，其描述如下：

- RAM——静态 RAM，未上电时，RAM 的内容是未定义的。主要功能是在供电模式下保存信息内容，只要电源供电，信息内容就不会消失。
- 闪存存储器——主要功能是保存程序代码和常量数据，其页面大小为 2KB，擦除时间为 20ms，闪存芯片批量擦除时间为 20ms，闪存写时间为 20μs，数据常温下保存时间为 100 年，可编程、擦除次数为 20 000 次。
- 信息页面——2KB 的只读区域，存储设备信息。主要存储来自 CC2530 芯片唯一的 IEEE 地址。它以最低位优先的形式存储在 XDATA 的地址为 0x780C。
- SFR 寄存器——特殊功能寄存器，控制 8051CPU 内核或外设的一些功能，大多数 8051CPU 内核的 SFR 和标准的 8051SFR 相同，但是有一部分特殊的寄存器功能在标准的 8051 中是没有的，比如 RF 收发器寄存器。

3. CC2530 存储空间

CPU 有 4 个不同的程序和数据的存储空间，分别是 CODE、DATA、XDATA 和 SFR，其各自的作用描述如下：

- CODE——一个只读的存储空间，用于程序存储。其最大寻址空间为 64KB。
- DATA——一个读、写的数据存储空间，可以直接或间接被一个周期 CPU 指令访问。最大 DATA 寻址空间为 256B。DATA 存储空间的低 128B 可以直接或间接寻址，较高的 128B 只能间接寻址。
- XDATA——一个读、写的数据存储空间，通常需要 4 或 5 个 CPU 指令周期来访问。这一存储空间地址为 64KB，而且访问 XDATA 的存储器慢于访问 DATA，因为 CODE 和 XDATA 存储空间共享 CPU 内核上的一个通用总线，因此来自 CODE 的指令预取可以不必与 XDATA 访问进行合并。
- SFR——一个读、写寄存器存储空间，可以直接被一个 CPU 指令访问。这一存储空间含有 128 字节。对于地址是被 8 整除的 SFR 寄存器，每一位还可以单独寻址。其中，XREG 寄存器为 XDATA 存储空间中的其他特殊寄存器，用于无线电配置和控制。

4. 映射

映射的主要功能是为了方便 DMA 控制器访问全部的物理存储器，并由此使得数据通过 DMA 在不同 8051 存储空间之间进行传输。在 CC2530 内核中，映射主要分为 XDATA 映射和 CODE 映射。

1）XDATA 映射

XDATA 存储空间映射的存储介质包括 XBANK、信息页面、SFR 寄存器、XREG 寄存器和 SRAM。其存储映射如图 4-1 所示。

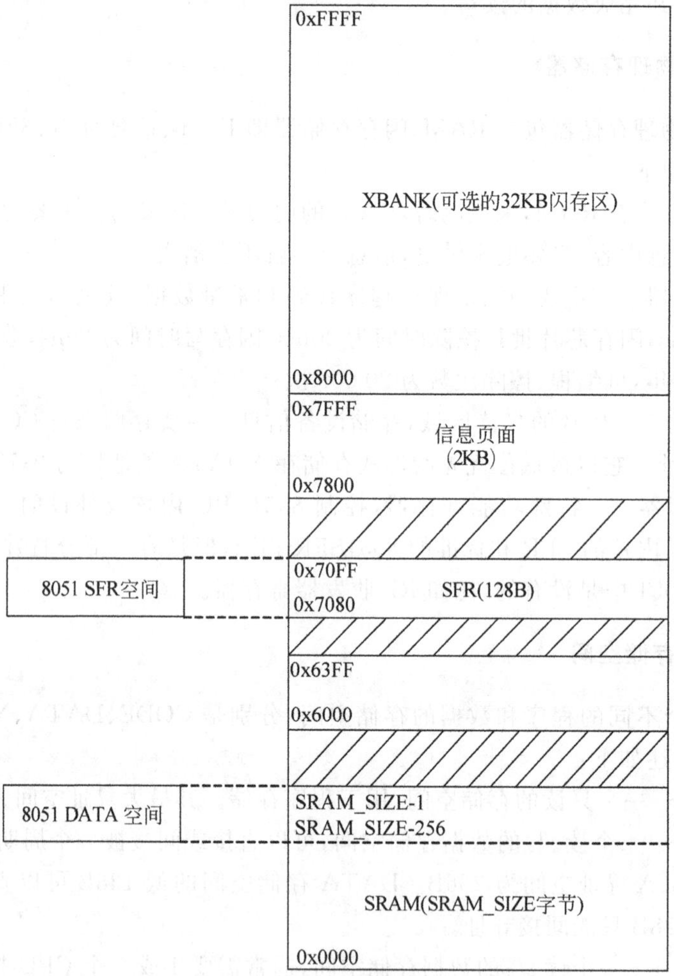

图 4-1　XDATA 存储器映射

XDATA 较高的 32KB 是一个只读区域，叫做 XBANK。这一区域典型的作用是存储常量数据。任何可用的 32KB 闪存可以在这里被映射出来，使得软件可以访问整个闪存存储器。可以使用寄存器 MEMCTR 选择可用的闪存区域。

物理存储器的信息页面映射到 XDATA 的地址区域为 0x7800～0x7FFF，这是一个只读区域，存储与芯片相关的信息。

8051 的 SFR 寄存器映射的地址区域为 0x7080～0x70FF。

SRAM 的映射地址为 0x0000～SRAM_SIZE-256，8051 的 DATA 映射空间为 SRAM_SIZE-256～SRAM_SIZE-1。

2）CODE 映射

CODE 是用来存放程序代码及常量的程序存储器，其寻址空间为 64KB，需要将 Flash 映射到 CODE 的地址范围，在 CC2530F256 中的 Flash 存储空间为 256KB，超出了 8051 单片机 16 位地址总线的寻址空间。为了解决这个问题，CC2530 将 Flash 存储器分成了几个区域（也称为 Bank）：Bank0～Bank7，每个 Bank 的大小为 32KB。对于 CC2530F256 来说，就有 8 个 Bank，通过寄存器的操作来决定将哪一个 Bank 映射到 CODE 上。这样就解决了寻址空间访问受限制的问题，其中普通区 Bank0 总是映射到物理闪存存储器较低的 32KB，如图 4-2 所示。

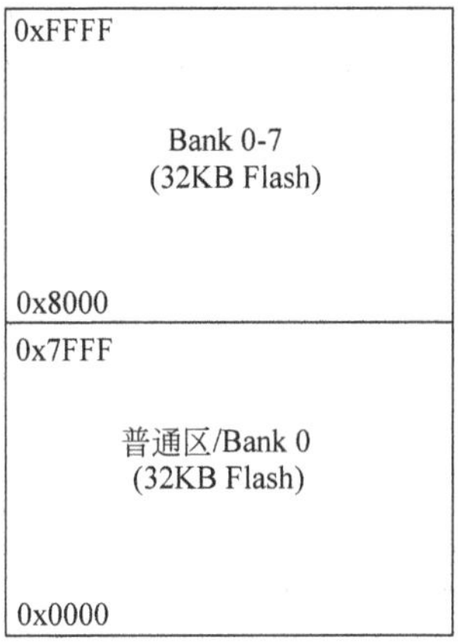

图 4-2　CODE 映射

3）映射寄存器

映射寄存器有两个：存储器仲裁控制寄存器 MEMCTR 和闪存区映射寄存器 FMAP。这两个寄存器控制 XDATA 和 CODE 映射的区域选择。

MEMCTR 寄存器控制 Flash 的哪一个 BANK 映射到 XDATA 的 XBANK 区，如表 4-1 所示。比如要选择芯片 CC2530F256 的 Bank5 区域，只需要将 MEMCTR 寄存器的 XBANK[2:0]设置为 101，即 MEMCTR 寄存器设置为 0x05。

表 4-1　存储器仲裁控制寄存器 MEMCTR

位	名称	复位	R/W	描　　述
7～4	--	0000	R0	保留
3	XMAP	0	R/W	XDATA 映射到代码，当设置了此位，SRAM XDATA 区域从 0x0000 到（SRAM_SIZE-1）映射到 CODE 区域的 0x8000 到（0x8000＋SRAM_SIZE-1），从而使程序代码从 RAM 执行 0：SRAM 映射到 CODE 功能禁用 1：SRAM 映射到 CODE 功能使能
2～0	XBANK[2:0]	000	R/W	XDATA 区选择，控制物理闪存存储器的哪个代码区域映射到 XDATA 区域（0x8000～0xFFFF）。当设置为 0，映射到根底部 有效设置取决于设备的闪存大小。写一个无效设置被忽略，即不会更新 XBANK[2:0] 32KB 版本只能是 0（即总是映射到根底部） 64KB 版本：0～1 128KB 版本：0～3 256KB 版本：0～7

FMAP 寄存器控制物理闪存存储器的 BANK 区域代码区映射到 CODE 存储空间的程序地址区域 0x8000～0xFFFF，如表 4-2 所示。对于芯片 CC2530F256，如果要映射 Flash 的

Bank5 至 CODE 区域，只需要将 MAP[2:0]设置为 101，即 FMAP 寄存器设置为 0x05 即可。

表 4-2　闪存区映射寄存器 FMAP

位	名称	复位	R/W	描　述
7～3	--	00000	R0	保留
2～0	MAP[2:0]	001	R/W	闪存区域映射，控制物理闪存存储器的哪个代码映射到 XDATA 区域(0x8000～0xFFFF)。当设置为 0，映射到根底部区 有效设置取决于设备的闪存大小。写一个无效设置被忽略，即不会更新 MAP[2:0] 32KB 版本只能是 0(即总是映射到根底部) 64KB 版本：0～1 128KB 版本：0～3 256KB 版本：0～7

4.3　通用 I/O

CC2530 有 21 个输入/输出引脚，可以配置为通用数字 I/O 或外设 I/O 信号，另外一些 I/O 端口还可以连接到 ADC、定时器或 USART 外设。I/O 口功能的实现是通过一系列的寄存器配置，由软件实现。I/O 端口的重要特点如下：

- 21 个数字 I/O 引脚；
- 可以配置为通用 I/O 或外部设备 I/O；
- 输入口具备上拉或下拉能力；
- 具有外部中断能力。

当 I/O 口用作通用 I/O 时引脚可以组成 3 个端口，端口 0、端口 1 和端口 2，分别用 P0、P1 和 P2 来表示。

- 端口 0 即 P0 口：有 8 位端口，分别是 P0_0～P0_7；
- 端口 1 即 P1 口：有 8 位端口，分别是 P1_0～P1_7；
- 端口 2 即 P2 口：有 5 位端口，分别是 P2_0～P2_4。

所有的端口均可通过 SFR 寄存器 P0、P1 和 P2 进行位寻址和字节寻址。根据寄存器的配置每个端口可以被设置为通用 I/O 或者外设 I/O。

当用作通用 I/O 时根据寄存器设置的不同，可以将端口设置为输入/输出状态，通用 I/O 端口常用的寄存器有功能寄存器 PxSEL(其中 x 端口的标号 0～2)，方向寄存器 PxDIR(其中 x 端口的标号 0～2)，配置寄存器 PxINP(其中 x 端口的标号 0～2)。

4.3.1　功能寄存器 PxSEL

功能寄存器用来设置端口的每个引脚为通用 I/O 或外设 I/O 信号，复位之后，所有的数字 I/O 引脚都被设置为通用输入引脚。以 P0SEL 为例来讲解此类寄存器的使用。功能寄存器 P0SEL 的详细配置如表 4-3 所示。

表 4-3　功能寄存器 P0SEL

位	名称	复位	R/W	描　述
7	SELP0[7]	0	R/W	P0_7 功能选择 0：通用 I/O 1：外设 I/O
6	SELP0[6]	0	R/W	P0_6 功能选择 0：通用 I/O 1：外设 I/O
5	SELP0[5]	0	R/W	P0_5 功能选择 0：通用 I/O 1：外设 I/O
4	SELP0[4]	0	R/W	P0_4 功能选择 0：通用 I/O 1：外设 I/O
3	SELP0[3]	0	R/W	P0_3 功能选择 0：通用 I/O 1：外设 I/O
2	SELP0[2]	0	R/W	P0_2 功能选择 0：通用 I/O 1：外设 I/O
1	SELP0[1]	0	R/W	P0_1 功能选择 0：通用 I/O 1：外设 I/O
0	SELP0[0]	0	R/W	P0_0 功能选择 0：通用 I/O 1：外设 I/O

如果要将某一引脚设置为通用 I/O 或者是外设 I/O 只需要将相应的"位"设置为 0 或 1 即可，比如要将 P0_1 设置为通用 I/O，此时需要将 P0SEL 的"第 1 位"置 0；将 P0_2 设置为外设 I/O，此时需要将 P0SEL 的"第 2 位"置 1。P0SEL 寄存器的具体配置方法如示例 4-1 所示。

【示例 4-1】　P0SEL 配置

```
/* P0_1 设置为通用 I/O 引脚 */
P0SEL &= ~0x02;
/* P0_2 设置为外设 I/O 引脚 */
P0SEL |= 0x04;
```

4.3.2　方向寄存器 PxDIR

CC2530 的端口用作通用 I/O 时，可以使用方向寄存器 PxDIR 配置其信号方向，在复位的情况下，所有数字 I/O 引脚均被设置为输入引脚。

下面以端口 P0 的方向寄存器 P0DIR 为例来讲解 PxDIR 的使用，端口 P0 的方向寄存器 P0DIR 如表 4-4 所示。

表 4-4　方向寄存器 P0DIR

位	名称	复位	R/W	描　述
7	DIRP0[7]	0	R/W	P0_7 的 I/O 方向选择 0：输入 1：输出
6	DIRP0[6]	0	R/W	P0_6 的 I/O 方向选择 0：输入 1：输出
5	DIRP0[5]	0	R/W	P0_5 的 I/O 方向选择 0：输入 1：输出
4	DIRP0[4]	0	R/W	P0_4 的 I/O 方向选择 0：输入 1：输出
3	DIRP0[3]	0	R/W	P0_3 的 I/O 方向选择 0：输入 1：输出
2	DIRP0[2]	0	R/W	P0_2 的 I/O 方向选择 0：输入 1：输出
1	DIRP0[1]	0	R/W	P0_1 的 I/O 方向选择 0：输入 1：输出
0	DIRP0[0]	0	R/W	P0_0 的 I/O 方向选择 0：输入 1：输出

当端口 P0 引脚设置为通用 I/O 的输入或输出功能时，只需要将 P0DIR 寄存器相应的"位"设置为 0 或 1 即可，比如要将 P0_1 设置为输入 I/O，此时需要将 P0DIR 的"第 1 位"置 0；将 P0_2 设置为输出 I/O，此时需要将 P0SEL 的"第 2 位"置 1。P0DIR 寄存器的具体配置如示例 4-2 所示。

【示例 4-2】　P0DIR 配置

```
/ * P0_1 设置为输入 I/O 引脚 * /
P0DIR &= ～0x02;
/ * P0_2 设置为输出 I/O 引脚 * /
P0DIR |= 0x04;
```

以下内容将完成 LED 闪烁实例 LEDBlink，在本实例中首先要在代码中使用 define 伪指令定义 LED 所连接的引脚，LED1 连接 P1_0，LED2 连接 P1_1，LED3 连接 P1_4，LED4 连接 P0_1。LED 定义完成之后，需要完成以下工作：

- 配置方向寄存器 PxDIR：由于 LED1、LED2 和 LED3 是由 P1 端口控制，因此需要配置 P1DIR。LED4 是由 P0 端口控制，因此需要配置 P0DIR。

- LED 闪烁实现：首先关掉 4 个 LED，经过一段时间的延时后再打开 LED，通过 while 循环和延时的操作实现 LED 持续闪烁。

具体代码的实现如实例 4-1 所示。

【实例 4-1】 LEDBlink

```
#include <ioCC2530.h>
/*定义 LED1～LED4 */
#define LED1 P1_0
#define LED2 P1_1
#define LED3 P1_4
#define LED4 P0_1
/*延时函数声明*/
void Delay(void);
/*主函数实现部分*/
void main(void)
{
  /*将 P1_0,P1_1,P1_4 设置为输出*/
  P1DIR |= 0x13;
  /*将 P0_1 设置为输出*/
  P0DIR |= 0x02;
  while(1)
  {
    /*关掉 LED1 */
    LED1 = 0;
    /*关掉 LED2 */
    LED2 = 0;
    /*关掉 LED3 */
    LED3 = 0;
    /*关掉 LED4 */
    LED4 = 0;
    /*延时*/
    Delay();
    /*打开 LED1 */
    LED1 = 1;
    /*打开 LED2 */
    LED2 = 1;
    /*打开 LED3 */
    LED3 = 1;
    /*打开 LED4 */
    LED4 = 1;
    /*延时*/
    Delay();
  }
}

/*延时函数*/
void Delay(void)
{
  unsigned int i,j;
```

```
    for(i = 0;i < 1000;i++)
    {
      for(j = 0;j < 200;j++)
      {
        asm("NOP");
        asm("NOP");
        asm("NOP");
      }
    }
}
```

编译程序并连接硬件,将编译之后的程序下载至硬件中,按下复位按键可以观察到4个LED不断地闪烁。

4.3.3 配置寄存器PxINP

当端口用作通用I/O输入时,引脚可以设置为上拉、下拉和三态操作模式。复位之后,所有的端口均被设置为带有上拉的输入。要取消输入的上拉和下拉功能,需要将PxINP中的对应“位”设置为1。其中I/O端口引脚P1_0和P1_1没有上拉和下拉功能即当端口配置为外设I/O信号时,引脚没有上拉和下拉功能。

下面将以P0INP为例来讲解配置寄存器PxINP的使用,端口P0的配置寄存器P0INP如表4-5所示。

表4-5 配置寄存器P0INP

位	名称	复位	R/W	描 述
7	MDP0[7]	0	R/W	P0_7的I/O输入模式功能选择 0:上拉/下拉 1:三态
6	MDP0[6]	0	R/W	P0_6的I/O输入模式功能选择 0:上拉/下拉 1:三态
5	MDP0[5]	0	R/W	P0_5的I/O输入模式功能选择 0:上拉/下拉 1:三态
4	MDP0[4]	0	R/W	P0_4的I/O输入模式功能选择 0:上拉/下拉 1:三态
3	MDP0[3]	0	R/W	P0_3的I/O输入模式功能选择 0:上拉/下拉 1:三态
2	MDP0[2]	0	R/W	P0_2的I/O输入模式功能选择 0:上拉/下拉 1:三态

续表

位	名称	复位	R/W	描　述
1	MDP0[1]	0	R/W	P0_1 的 I/O 输入模式功能选择 0：上拉/下拉 1：三态
0	MDP0[0]	0	R/W	P0_0 的 I/O 输入模式功能选择 0：上拉/下拉 1：三态

如果要将某一引脚设置为上拉/下拉或者是三态，此时需要将相应的位设置为 0 或 1 即可，比如要将 P0_5 设置为上拉/下拉，此时需要将 P0INP 的"第 5 位"置 0；如果将 P0_3 设置为三态功能时，此时需要将 P0INP 的"第 3 位"置 1。P0INP 寄存器的具体配置如示例 4-3 所示。

【示例 4-3】 P0INP 配置

```
/* P0_5 设置为上拉/下拉功能 */
P0INP &= ~0x20;
/* P0_3 设置为三态功能 */
P0INP |= 0x08;
```

下面给出按键控制 LED 状态改变的 LEDSwitch 实例，本实例的主要目的是学习 PxINP 的使用，要实现按键控制 LED 需要完成以下工作：

- 在代码中定义按键和 LED 的硬件连接，按键为 SW2 连接 CC2530 的 P0_5，LED 的硬件连接和实例 4-1 中的硬件连接是相同的。
- 需要对 LED 和按键进行初始化，在 LED 的初始化中先关掉 4 个 LED；将按键引脚设置为三态功能。
- 在主函数中循环检测 SW2 按键有没有按下，当确定 SW2 按键按下后 LED 状态改变。

具体代码如实例 4-2 所示。

【实例 4-2】 LEDSwitch

```
#include <ioCC2530.h>
#define uint unsigned int

/* 1 代表打开 */
#define ON 1
/* 0 代表关闭 */
#define OFF 0

/* 定义 LED1～LED4 */
#define LED1 P1_0
#define LED2 P1_1
#define LED3 P1_4
#define LED4 P0_1

/* 定义按键连接 P0_5 */
```

```
#define SW2 P0_5

/*延时函数声明*/
void Delay(uint);
/*初始化 LED*/
void Initial(void);
/*初始化按键*/
void InitKey(void);

/****************************
延时 1.5μs
****************************/
void Delay(uint n)
{
    uint tt;
    for(tt = 0;tt<n;tt++);
    for(tt = 0;tt<n;tt++);
    for(tt = 0;tt<n;tt++);
    for(tt = 0;tt<n;tt++);
    for(tt = 0;tt<n;tt++);
}

/*****************************************
按键初始化
*****************************************/
void InitKey(void)
{
  //P0.4,P0.5 设为普通输出口
  P0SEL &= ~0x30;
  //按键在 P04,P05 设为输入
  P0DIR &= ~0x30;
/*P0.5 为三态*/
  P0INP |= 0x20;
}

/****************************
LED 初始化程序
****************************/
void Initial(void)
{
  /*配置 P1_0、P1_1 和 P1_4 为输出*/
  P1DIR |= 0x13;
  /*配置 P0_1 为输出*/
  P0DIR |= 0x02;
  /*关闭 LED1*/
  LED1 = OFF;
  /*关 LED2*/
  LED2 = OFF;
  /*关闭 LED3*/
  LED3 = OFF;
```

```
  /* 关闭 LED4 */
  LED4 = OFF;
}

/****************************
主函数实现
****************************/
void main(void)
{
  Delay(10);
  /* 调用初始化函数 */
  Initial();
  /* 初始化按键 */
  InitKey();
  while(1)
  {
    /* 如果检测到 SW2 按下 */
    if(SW2 == 0)
    {
      /* 去抖操作 */
      Delay(100);
      /* 检测到按键按下 */
      if(SW2 == 0)
      {
        /* 直到松开按键 */
        while(!SW2);
        /* LED1～LED4 状态改变 */
        LED1 = ～LED1;
        LED2 = ～LED2;
        LED3 = ～LED3;
        LED4 = ～LED4;
      }
    }
  }
}
```

4.3.4 通用 I/O 中断

CC2530 的 CPU 有 18 个中断源，每个中断源都由一系列的 SFR 寄存器进行控制。这 18 个中断源，每个中断都可以分别使能和控制。CC2530 的 18 个中断源如表 4-6 所示。

表 4-6　CC2530 中断源

中断号码	描　　述	中断名称	中断向量	中断屏蔽	中断标志
0	RF TX RFIO 下溢或 RX FIFO 溢出	RFERR	03H	IEN0. RFERRIE	TCON. RFERRIF
1	ADC 转换结束	ADC	0BH	IEN0. ADCIE	TCON. ADCIF
2	USART0 RX 完成	URX0	13H	IEN0. URX0IE	TCON. URX0IF

续表

中断号码	描　　述	中断名称	中断向量	中断屏蔽	中断标志
3	USART1 RX 完成	URX1	1BH	IEN0. URX1IE	TCON. URX1IF
4	AES 加密/解密完成	ENC	23H	IEN0. ENCIE	S0CON. ENCIF
5	睡眠计时器比较	ST	2BH	IEN0. STIE	IRCON. STIF
6	端口 2 输入/USB	P2INT	33H	IEN2. P2IE	IRCON2. P2IF
7	USART0 TX 完成	UTX0	3BH	IEN2. UTX0IE	IRCON2. UTX0IF
8	DMA 传送完成	DMA	43H	IEN1. DMAIE	IRCON. DMAIF
9	定时器 1(16 位)捕获/比较/溢出	T1	4BH	IEN1. T1IE	IRCON. T1IF
10	定时器 2	T2	53H	IEN1. T2IE	IRCON. T2IF
11	定时器 3(8 位)捕获/比较/溢出	T3	5BH	IEN1. T3IE	IRCON. T3IF
12	定时器 4(8 位)捕获/比较/溢出	T4	63H	IEN1. T4IE	IRCON. T4IF
13	端口 0 输入	P0INT	6BH	IEN1. P0IE	IRCON. P0IF
14	USART 1 TX 完成	UTX1	73H	IEN2. UTXIE	IRCON2. UTX1IF
15	端口 1 输入	P1INT	7BH	IEN2. P1IE	IRCON2. P1IF
16	RF 通用中断	RF	83H	IEN2. RFIE	S1CON. RFIF
17	看门狗定时器溢出	WDT	8BH	IEN2. WDTIE	IRCON. WDTIF

CC2530 的 18 个中断源包括无线射频中断、串口发送和接收中断、定时器中断、DMA 中断、看门狗中断、I/O 中断等。在讲解通用 I/O 中断之前，需要先了解 CC2530 的中断优先级。

1. 中断优先级

CC2530 的 18 个中断是有中断优先级的，18 个中断组成 6 个中断优先组，每一组有 3 个中断源，中断优先级可以通过配置寄存器来实现，其中中断优先组的划分如表 4-7 所示。

表 4-7　中断优先级组

组	中断		
IPG0	RFERR	RF	DMA
IPG1	ADC	T1	P2INT
IPG2	URX0	T2	UTX0
IPG3	URX1	T3	UTX1
IPG4	ENC	T4	P1INT
IPG5	ST	P0INT	WDT

中断优先级是由寄存器 IP0 和 IP1 来设置，IP0/IP1 寄存器的设置实质上是设置了中断优先级组的优先情况。中断优先级寄存器的设置组合如表 4-8 所示。

表 4-8 中断优先级寄存器

IP1_X	IP0_X	优先级
0	0	0(优先级别最低)
0	1	1
1	0	2
1	1	3(优先级别最高)

在中断优先级寄存器设置中 IP1_X 与 IP0_X 中的 X 代表了中断优先级组的组名，即 IPF0～IPG5。在设置优先级时，3 的优先级别最高，0 的优先级别最低，比如要将 IPG3 优先级组设置为最高优先级，将 IPG0 优先级组设置为最低优先级别如示例 4-4 所示。

【示例 4-4】 中断优先级的设置

```
/*设置 IPG3 的优先级别最高*/
IP1_IPG3 = 1;
IP0_IPG3 = 1;
/*设置 IPG0 的优先级别最低*/
IP1_IPG0 = 0;
IP0_IPG0 = 0;
```

在设置中断优先级组的优先级别后，在一个优先级组中有 3 个中断，如果这 3 个中断同时发生时，需要再次判断同一优先级组中 3 个中断的优先级别，在 CC2530 内部默认了一系列的中断优先级别，即同一优先级组的中断的优先级由中断轮流探测顺序来决定其优先级，中断轮流探测顺序如表 4-9 所示。

表 4-9 中断轮流探测顺序

中断向量编号	中断名称	优先级排序
0	RFERR	轮流探测顺序 自上向下优先级依次降低
16	RF	
8	DMA	
1	ADC	
9	T1	
2	URX0	
10	T2	
3	URX1	
11	T3	
4	ENC	
12	T4	
5	ST	
13	P0INT	
6	P2INT	
7	UTX0	
14	UTX1	
15	P1INT	
17	WDT	

按照示例 4-3 中的设置，如果中断优先级组的 IPG3 优先级别最高，当 URX1 和 T3 同时发生中断时，就需要按照中断轮流探测顺序来判断两个中断的先后顺序，按照中断轮流探测顺序，查询 URX1 的中断优先级别高于 T3 的中断优先级别。

2. I/O 中断

通用 I/O 引脚在设置为输入后，可以用于产生中断。并且通用 I/O 中断还可以设置其触发方式。通用 I/O 中断在 P0、P1 和 P2 三个端口上都可以产生，在设置其中断时需要将其要发生中断引脚的使能位置 1。端口使能位的设置寄存器如下：

- P0 端口中断使能位——IEN1. P0IE；
- P1 端口中断使能位——IEN2. P1IE；
- P2 端口中断使能位——IEN2. P2IE。

当中断发生之后，在 P0～P2 端口会有相应的中断标志位产生，中断标志位由中断标志寄存器自动产生，不需要人为设置。中断标志寄存器如下所示：

- P0 端口中断标志寄存器——P0IFG；
- P1 端口中断标志寄存器——P1IFG；
- P2 端口中断标志寄存器——P2IFG。

中断使能寄存器 IEN1 控制 P0 端口、定时器 1～4 和 DMA 中断的使能和禁止，如果使某一位中断使能，只需要将 IEN1 中对应的“位”设置为 1 即可；如果将中断禁止，只需要将其设置为 0 即可。中断使能寄存器 IEN1 如表 4-10 所示。

表 4-10　中断使能寄存器 IEN1

位	名称	复位	R/W	描　　述
7：6	--	00	R0	保留
5	P0IE	0	R/W	端口 0 中断使能 0：中断禁止 1：中断使能
4	T4IE	0	R/W	定时器 4 中断使能 0：中断禁止 1：中断使能
3	T3IE	0	R/W	定时器 3 中断使能 0：中断禁止 1：中断使能
2	T2IE	0	R/W	定时器 2 中断使能 0：中断禁止 1：中断使能
1	T1IE	0	R/W	定时器 1 中断使能 0：中断禁止 1：中断使能
0	DMAIE	0	R/W	DMA 中断使能 0：中断禁止 1：中断使能

P0IE 控制通用 I/O 中断的 P0 端口的中断使能和禁止，如果要设置 P0 端口发生中断需要将其设置为中断使能，具体设置如示例 4-5 所示。

【示例 4-5】 IEN1 中断设置

```
/* 设置 P0 端口中断使能 */
IEN1 |= 0x20;
```

中断使能寄存器 IEN2 控制看门狗定时器、P1 端口、串口发送、P2 端口、RF 中断的使能和禁止，如果使某一位中断使能，只需要将 IEN2 中对应的"位"设置为 1 即可；如果将中断禁止，只需要将其设置为 0 即可。中断使能寄存器 IEN2 如表 4-11 所示。

表 4-11 中断使能寄存器 IEN2

位	名称	复位	R/W	描　述
7：6	--	00	R0	保留
5	WDTIE	0	R/W	看门狗定时器中断使能 0：中断禁止 1：中断使能
4	P1IE	0	R/W	端口 1 中断使能 0：中断禁止 1：中断使能
3	UTX1IE	0	R/W	USART1 TX 中断使能 0：中断禁止 1：中断使能
2	UTX0IE	0	R/W	USART2 TX 中断使能 0：中断禁止 1：中断使能
1	P2IE	0	R/W	端口 2 中断使能 0：中断禁止 1：中断使能
0	RFIE	0	R/W	RF 一般中断使能 0：中断禁止 1：中断使能

P1IE、P2IE 控制通用 I/O 中断的 P1 和 P2 端口的中断使能和禁止，如果要设置 P1 和 P2 端口发生中断需要将其设置为中断使能，具体设置如示例 4-6 所示。

【示例 4-6】 IEN2 中断设置

```
/* 设置 P1 和 P2 端口中断使能 */
IEN2 |= 0x12;
```

IEN1 和 IEN2 寄存器设置端口中断时，是将 P0、P1 和 P2 所有端口的引脚全部设置为中断使能。比如示例 4-5 中设置 P0 端口中断使能，实质上是设置了 P0_0～P0_7 所有的输入引脚中断使能，如果要单独设置某一引脚中断使能，除了设置 IENx(x 的取值为 0 或 1)还需要设置 PxIEN 寄存器(x 的取值为 0、1、2)。

PxIEN 中断使能寄存器可以单独配置端口的某一引脚中断使能或禁止。以下内容以P0IEN为例讲解PxIEN寄存器的使用。中断使能寄存器P0IEN设置值如表4-12所示。

表4-12　中断使能寄存器P0IEN

位	名称	复位	R/W	描　述
7	P0IEN[7]	0	R/W	端口0 P0_7中断使能 0：中断禁止 1：中断使能
6	P0IEN[6]	0	R/W	端口0 P0_6中断使能 0：中断禁止 1：中断使能
5	P0IEN[5]	0	R/W	端口0 P0_5中断使能 0：中断禁止 1：中断使能
4	P0IEN[4]	0	R/W	端口0 P0_4中断使能 0：中断禁止 1：中断使能
3	P0IEN[3]	0	R/W	端口0 P0_3中断使能 0：中断禁止 1：中断使能
2	P0IEN[2]	0	R/W	端口0 P0_2中断使能 0：中断禁止 1：中断使能
1	P0IEN[1]	0	R/W	端口0 P0_1中断使能 0：中断禁止 1：中断使能
0	P0IEN[0]	0	R/W	端口0 P0_0中断使能 0：中断禁止 1：中断使能

中断使能寄存器P0IEN控制P0端口P0_0～P0_7引脚的中断禁止和使能，如果要使某一特定引脚中断使能或禁止，只需要在P0IEN中将相应的“位”设置为0或1即可。比如要设置P0_5引脚中断使能，具体设置如示例4-7所示。

【示例4-7】　P0IEN中断设置

```
/*设置P0_5中断使能*/
P0IEN |= 0x20;
/*设置P0端口中断使能*/
IEN1 |= 0x20;
```

通用I/O在作为中断使用时，可以配置其中断触发方式，中断触发方式由寄存器PICTL来设置，其触发方式分为上升沿触发方式和下降沿触发方式两种。中断触发方式寄存器如表4-13所示。

表 4-13 中断触发方式寄存器 PICTL

位	名称	复位	R/W	描 述
7	PADSC	00	R0	控制 I/O 引脚在输出模式下的驱动能力，选择输出驱动能力来补偿引脚 DVDD 的低 I/O 电压(为了确保在较低的电压下的驱动能力和较高电压下的驱动能力相同) 0：最小驱动能力增强，DVDD1/2 等于或大于 2.6V 1：最大驱动能力增强，DVDD1/2 小于 2.6V
6：4	--	000	R0	保留
3	P2ICON	0	R/W	端口 2 的 P2.4～P2.0 输入模式下的中断配置，该位为所有端口 2 的输入 P2.4～P2.0 选择中断请求条件 0：输入的上升沿引起中断 1：输入的下降沿引起中断
2	P1ICONH	0	R/W	端口 1 的 P1.7～P1.4 输入模式下的中断配置，该位为所有端口 1 的输入 P1.7～P1.4 选择中断请求条件 0：输入的上升沿引起中断 1：输入的下降沿引起中断
1	P1ICONL	0	R/W	端口 1 的 P1.4～P1.0 输入模式下的中断配置，该位为所有端口 1 的输入 P1.4～P1.0 选择中断请求条件 0：输入的上升沿引起中断 1：输入的下降沿引起中断
0	P0ICON	0	R/W	端口 0 的 P0.7～P0.0 输入模式下的中断配置，该位为所有端口 0 的输入 P0.7～P0.0 选择中断请求条件 0：输入的上升沿引起中断 1：输入的下降沿引起中断

中断触发方式寄存器可以控制 P0 端口、P1 端口和 P2 端口的触发方式，比如要设置 P0_5 端口中断为下降沿触发方式，其详细设置如示例 4-8 所示。

【示例 4-8】 PICTL 中断设置

```
/*设置 P0_5 下降沿触发中断*/
PICTL|= 0X01;
```

通用 I/O 中断在设置完引脚之后，需要开启 CC2530 的总中断，总中断 EA 位于中断使能寄存器 IEN0 的第 7 位，此位决定 CC2530 所有中断的使能和禁止，中断使能寄存器 IEN0 如表 4-14 所示。

表 4-14 中断使能寄存器 IEN0

位	名称	复位	R/W	描　述
7	EA	0	R/W	禁止所有中断 0：无中断被确认 1：通过设置对应的使能位将每个中断源分别使能和禁止
6	--	0	R0	保留
5	STIE	0	R/W	睡眠定时器中断使能 0：中断禁止 1：中断使能
4	ENCIE	0	R/W	AES 加密/解密中断使能 0：中断禁止 1：中断使能
3	URX1IE	0	R/W	USART1 RX 中断使能 0：中断禁止 1：中断使能
2	URX0IE	0	R/W	USART0 RX 中断使能 0：中断禁止 1：中断使能
1	ADCIE	0	R/W	ADC 中断使能 0：中断禁止 1：中断使能
0	RFERRIE	0	R/W	RF TX/RX FIFO 中断使能 0：中断禁止 1：中断使能

通用 I/O 在设置完成引脚中断之后，需要将 EA 的总中断打开，其详细设置如示例 4-9 所示。

【示例 4-9】 EA 设置

```
/* 打开总中断 */
EA = 1;
```

I/O 中断发生后，中断标志寄存器的相应位会自动置 1。在中断处理函数中判断是否有中断发生只需要判断寄存器 PxIFG(其中 x 的取值为 0、1、2)的值是否大于 0，或者是 PxIFG 的某一位是否大于 0 即可。下面以 P0IFG 为例来讲解 P0 端口中断标志的判断。中断标志寄存器 P0IFG 如表 4-15 所示。

表 4-15 中断标志寄存器 P0IFG

位	名称	复位	R/W	描　述
7	P0IF[7]	0	R/W	端口 0 P0_7 中断状态标志 0：未发生中断 1：发生中断
6	P0IF[6]	0	R/W	端口 0 P0_6 中断状态标志 0：未发生中断 1：发生中断

续表

位	名称	复位	R/W	描　　述
5	P0IF[5]	0	R/W	端口 0 P0_5 中断状态标志 0：未发生中断 1：发生中断
4	P0IF[4]	0	R/W	端口 0 P0_4 中断状态标志 0：未发生中断 1：发生中断
3	P0IF[3]	0	R/W	端口 0 P0_3 中断状态标志 0：未发生中断 1：发生中断
2	P0IF[2]	0	R/W	端口 0 P0_2 中断状态标志 0：未发生中断 1：发生中断
1	P0IF[1]	0	R/W	端口 0 P0_1 中断状态标志 0：未发生中断 1：发生中断
0	P0IF[0]	0	R/W	端口 0 P0_0 中断状态标志 0：未发生中断 1：发生中断

如果在 P0 端口有中断发生，但不需要判断具体是哪一引脚发生中断时，在判断中断标志时只需要判断 P0IFG 是否大于 0 即可，如示例 4-10 所示。

【示例 4-10】 中断标志判断

```
/* 判断端口 P0 是否发生中断 */
if(P0IFG>0)
{

}
```

如果需要判断是否某一引脚发生中断，则需要判断 PxIFG 寄存器中相应的“位”是否置 1，如示例 4-11 所示。

【示例 4-11】 中断标志判断

```
/* 判断 P0_5 是否发生中断 */
if(P0IFG&0x20)
{

}
```

以下实例将实现按键中断控制 LED 状态改变。由于 I/O 按键连接在 CC2530 的 P0_5 引脚上，因此本实例中断以 P0 端口为例，在通用 I/O 在发生中断之前需要先对中断初始化，初始化过程如下：

- 中断标志位 P0IFG 清 0；
- 将 P0 端口的中断使能位打开，即 IEN1. P0IE 置 1；

- 将 P0_5 引脚中断使能位打开，即 P0IEN 第 5 位置 1；
- 设置 P0_5 中断触发方式为下降沿触发，即 PICTL 第 0 位置 1；
- 打开总中断。

具体代码如实例 4-3 IOKey—io_init()所示。

【实例 4-3】 IOKey—io_init()

```
/*中断初始化*/
void io_init(void)
{

    /*P0 中断标志清 0*/
    P0IFG &= 0x00;
    /*P0.5 有上拉、下拉能力*/
    P0INP &= ~0X20;
    /* P0.5 中断使能*/
    P0IEN |= 0x20;
    /* P0.5,下降沿触发*/
    PICTL|= 0X01;
    /*开中断*/
    EA = 1;
    /*端口 0 中断使能*/
    IEN1 |= 0X20;
}
```

在主函数中需要做以下工作：首先调用 LED 初始化函数(LED 初始化函数详见实例 4-2)，其次调用中断初始化函数，最后等待中断。详细代码如实例 4-3 IOKey—main()所示。

【实例 4-3】 IOKey—main()

```
/*主函数*/
void main(void)
{
/*LED 初始化*/
led_init();
/*I/O 及外部中断初始化*/
io_init();
/*等待中断*/
Delay(100);
while(1);
}
```

当有中断发生时，首先判断中断标志位是否为 1，如果为 1 则发生中断，需要再次清除中断标志位，并改变 LED 的状态。具体代码如实例 4-3 IOKey—P0_ISR()所示。

【实例 4-3】 IOKey—P0_ISR()

```
/*中断服务子程序*/
#pragma vector = P0INT_VECTOR
__interrupt void P0_ISR(void)
{
        /*判断按键中断*/
        if(P0IFG>0)
        {
          /*清中断标志*/
```

```
        P0IFG = 0;
        /*LED1 改变状态*/
        led1 = !led1;
        led2 = !led2;
        led3 = !led3;
        led4 = !led4;
      }
      /*清中断标志*/
      P0IFG &= 0x00;
}
```

4.4 外设 I/O

CC2530 的 I/O 引脚除了可以作为通用 I/O 引脚之外，还可以作为外设 I/O 引脚，所谓外设 I/O 引脚即 CC2530 的第二功能，例如串口、定时器、DMA 等。外设 I/O 引脚功能选择是由寄存器来设置的，本节将讲解外设 I/O 引脚的映射与外设 I/O 寄存器的设置。

4.4.1 外设 I/O 引脚映射

CC2530 的外设功能有 ADC、串口 0(USART0)、串口 1(USART1)、定时器 1(TIMER1)、定时器 3(TIMER3)、定时器 4(TIMER4)、32K XOSC 和 DEBUG。外设 I/O 引脚映射如表 4-16 所示。

表 4-16 外设 I/O 引脚映射

端口	引脚	ADC	USART0				USART1				TIMER1		TIMER3		TIMER4		32K XOSC	DEBUG
		-	SPI		UART		SPI		UART		-	-	-	-	-	-	-	-
		-	1	2	1	2	1	2	1	2	1	2	1	2	1	2	-	-
P0	7	A7										3						
	6	A6									4	4						
	5	A5	C		RT		MI		RX		3							
	4	A4	SS		CT		MO		TX		2							
	3	A3	MO		TX		C		RT		1							
	2	A2	MI		RX		SS		CT		0							
	1	A1																
	0	A0																
P1	7							MI		RX				1				
	6							MO		TX				0				
	5			MO		TX		C		RT								
	4			MI		RX		SS		CT			1					
	3			C		RT							0					
	2			SS		CT						0						
	1											1			1			
	0											2			0			

续表

端口	引脚	ADC	USART0				USART1				TIMER1		TIMER3		TIMER4		32K XOSC	DEBUG
		-	SPI		UART		SPI		UART		-	-	-	-	-	-	-	-
		-	1	2	1	2	1	2	1	2	1	2	1	2	1	2	-	-
P2	4																	
	3															1	Q1	
	2																Q2	DC
	1																	DD
	0	T														0		

其中，USART0、USART1 有 SPI 和 UART 两种串口传输方式，每一种传输方式都有两种映射引脚位置，即 SPI 映射引脚备用位置 1 和 SPI 引脚备用映射位置 2；UART 映射引脚备用位置 1 和 UART 映射引脚备用位置 2。TIMER1、TIMER3 和 TIMER4 也有两种映射引脚位置，即映射引脚备用位置 1 和映射引脚备用位置 2。

- ADC 作为外设功能时，有 8 位独立的输入通道，即 A0～A7，分别连接 CC2530 的 P0_0～P0_7 共 8 个引脚。另外 P2.0 作为内部触发器可以触发启动 ADC 转换。
- USART0 的 SPI 模式下两个备用位置，备用位置 1：MI、MO、SS、C 分别连接 P0_2～P0_5；备用位置 2：SS、C、MO、MI 分别连接 CC2530 的 P1_2～P1_5。
- USART0 的 UART 模式下两个备用位置，备用位置 1：RX、TX、RT、CT 分别连接 P0_2～P0_5；备用位置 2：CT、RT、RX、TX 分别连接 CC2530 的 P1_2～P1_5。
- USART1 的 SPI 模式下两个备用位置，备用位置 1：MI、MO、C、SS 分别连接 P0_2～P0_5；备用位置 2：SS、C、MO、MI 分别连接 CC2530 的 P1_4～P1_7。
- USART1 的 UART 模式下两个备用位置，备用位置 1：CT、RT、TX、RX 分别连接 P0_2～P0_5；备用位置 2：CT、RT、TX、RX 分别连接 CC2530 的 P1_4～P1_7。
- TIMER1 两个备用位置，每个备用位置有 5 个通道。备用位置 1：通道 0～通道 4 分别连接 P0_2～P0_6，备用位置 2：通道 0～通道 2 分别连接 P1_2～P1_0，通道 3 和通道 4 连接 P0_7 和 P0_6。
- TIMER3 两个备用位置，每个备用位置有两个通道。备用位置 1：通道 0 和通道 1 分别连接 P1_3 和 P1_4；备用位置 2：通道 0 和通道 1 分别连接 P1_6 和 P1_7。
- TIMER4 两个备用位置，每个备用位置有两个通道。备用位置 1：通道 0 和通道 1 分别连接 P1_0 和 P1_1；备用位置 2：通道 0 和通道 1 分别连接 P2_0 和 P2_3。
- 32K XOSC 输入：端口 P2_3 和 P2_4 用于连接一个外部 32kHz 晶振，由相应的寄存器配置其使用。
- 调试接口 DEBUG：端口 P2_1 和 P2_2 分别用于调试数据和时钟信号。其中 DD 为调试数据 DC 为调试时钟。当处于调试模式时，调试接口控制这些引脚方向；当处于调试模式时，这些引脚的上拉/下拉功能禁用。

4.4.2 外设 I/O 寄存器

CC2530 的外设功能有相应的寄存器来设置，主要的外设控制寄存器有以下几个：端口功能寄存器 PxSEL(x 取值为 0、1、2)、外设控制寄存器 PERCFG、端口 2 方向寄存器 P2DIR。

1. 端口功能寄存器 PxSEL

端口功能寄存器 PxSEL 主要用于选择外设 I/O 或通用 I/O 功能，其中 P2SEL 除了可以设置 P2_0～P2_4 引脚功能外还可以设定外设功能的优先级别。端口 2 功能寄存器 P2SEL 如表 4-17 所示。

表 4-17 端口 2 功能寄存器 P2SEL

位	名称	复位	R/W	描 述
7	--	0	R0	保留
6	PRI3P1	0	R/W	端口 1 外设优先级控制，当模块被指派到相同的引脚的时候，确定哪个优先 0：USART 0 优先 1：USART 1 优先
5	PRI2P1	0	R/W	端口 1 外设优先级控制，当 PERCFG 分配 USART1 和定时器 3 到相同引脚的时候，确定优先次序 0：USART1 优先 1：定时器 3 优先
4	PRI1P1	0	R/W	端口 1 外设优先级控制。当 PECFG 分配定时器 1 和定时器 4 到相同引脚的时候，确定优先次序 0：定时器 1 优先 1：定时器 4 优先
3	PRI0P1	0	R/W	端口 1 外设优先级控制，当 PERCFG 分配 USART0 和定时器 1 到相同引脚的时候，确定优先次序 0：USART0 优先 1：定时器 1 优先
2	SELP2[4]	0	R/W	P2_4 功能选择 0：通用 I/O 1：外设 I/O
1	SELP2[3]	0	R/W	P2_3 功能选择 0：通用 I/O 1：外设 I/O
0	SELP2[0]	0	R/W	P2_0 功能选择 0：通用 I/O 1：外设 I/O

- P2SEL 第 7 位为保留位，没有任何意义。
- P2SEL 第 6 位为端口 1 外设优先级别控制。当串口 0 和串口 1 同时被设置连接至 P1 端口的相同引脚时，当设置为 0 时，外设功能优先选择串口 0；当设置为 1 时，外设功能优先选择串口 1。
- P2SEL 第 5 位为端口 1 外设优先级别控制，当串口 1 和定时器 4 同时连接至 P1 端口的相同引脚时，当设置为 0 时，外设功能优先选择串口 1；当设置为 1 时，外设功能优先选择定时器 4。

- P2SEL 第 4 位为端口 1 外设优先级别控制，当定时器 1 和定时器 4 同时连接至 P1 端口的相同引脚时，当设置为 0 时，外设功能优先选择定时器 1；当设置为 1 时，外设功能优先选择定时器 4。
- P2SEL 第 3 位为端口 1 外设优先级别控制，当串口 0 和定时器 1 同时连接至 P1 端口的相同引脚时，当设置为 0 时，外设功能优先选择串口 0；当设置为 1 时，外设功能优先选择定时器 1。

以设置串口 0 优先为例，如果在 P1 端口同时连接串口 0 和串口 1 时，用户需要优先使用串口 0，寄存器设置如示例 4-12 所示。

【示例 4-12】 串口优先级别设置

```
/ * 设置串口 0 优先级别 * /
P2SEL &= ～0x40;
```

2. 外设控制寄存器 PERCFG

外设控制寄存器 PERCFG 控制外设功能的备用位置，在外设功能中串口和定时器有两个备用位置选择。在实际应用备用位置的选择依靠设置寄存器 PERCFG 来实现。外设控制寄存器 PERCFG 如表 4-18 所示。

表 4-18 外设控制寄存器 PERCFG

位	名称	复位	R/W	描　述
7	--	0	R0	保留
6	T1CFG	0	R/W	定时器 1 I/O 控制 0：备用位置 1 1：备用位置 2
5	T3CFG	0	R/W	定时器 3 I/O 控制 0：备用位置 1 1：备用位置 2
4	T4CFG	0	R/W	定时器 4 I/O 控制 0：备用位置 1 1：备用位置 2
3～2	--	0	R0	保留
1	U1CFG	0	R/W	USART1 I/O 控制 0：备用位置 1 1：备用位置 2
0	U0CFG	0	R/W	USART0 I/O 控制 0：备用位置 1 1：备用位置 2

- PERCFG 第 7 位为保留位，没有任何意义。
- PERCFG 第 6 位为定时器 1 备用位置选择，如果设置为 0，选择定时器 1 备用位置 1；如果设置 2 为 1，选择定时器 1 备用位置 2。

- PERCFG 第 5 位为定时器 3 备用位置选择，如果设置为 0，选择定时器 3 备用位置 1；如果设置 2 为 1，选择定时器 3 备用位置 2。
- PERCFG 第 4 位为定时器 4 备用位置选择，如果设置为 0，选择定时器 4 备用位置 1；如果设置 2 为 1，选择定时器 4 备用位置 2。
- PERCFG 第 3～2 位为保留位，没有任何意义。
- PERCFG 第 1 位为串口 1 备用位置选择，如果设置为 0，选择串口 1 备用位置 1；如果设置 2 为 1，选择串口 1 备用位置 2。
- PERCFG 第 0 位为串口 0 备用位置选择，如果设置为 0，选择串口 0 备用位置 1；如果设置 2 为 1，选择串口 0 备用位置 2。

以设置串口 0 备用位置 1 为例，来讲解 PERCFG 寄存器的设置。如果串口硬件连接为串口 0 的备用位置 1，在软件应用中需要将寄存器 PERCFG 设置为串口 0 的备用位置 1，具体设置如示例 4-13 所示。

【示例 4-13】 串口 0 备用位置设置

```
/*设置串口 0 为备用位置 1*/
PERCFG &= ~0x01;
```

3. 模拟外设 I/O 配置寄存器 APCFG

模拟外设 I/O 配置寄存器 APCFG 控制模拟外设 I/O 的使能和禁止，其寄存器的具体设置如表 4-19 所示。

表 4-19 模拟外设 I/O 配置寄存器 APCFG

位	名称	复位	R/W	描述
7	APCFG[7]	0	R0	模拟外设 I/O 配置，P0_7 作为模拟 I/O 0：模拟 I/O 禁用 1：模拟 I/O 使能
6	APCFG[6]	0	R/W	模拟外设 I/O 配置，P0_6 作为模拟 I/O 0：模拟 I/O 禁用 1：模拟 I/O 使能
5	APCFG[5]	0	R/W	模拟外设 I/O 配置，P0_5 作为模拟 I/O 0：模拟 I/O 禁用 1：模拟 I/O 使能
4	APCFG[4]	0	R/W	模拟外设 I/O 配置，P0_4 作为模拟 I/O 0：模拟 I/O 禁用 1：模拟 I/O 使能
3	APCFG[3]	0	R0	模拟外设 I/O 配置，P0_3 作为模拟 I/O 0：模拟 I/O 禁用 1：模拟 I/O 使能
2	APCFG[2]	0	R/W	模拟外设 I/O 配置，P0_2 作为模拟 I/O 0：模拟 I/O 禁用 1：模拟 I/O 使能

续表

位	名称	复位	R/W	描　述
1	APCFG[1]	0	R/W	模拟外设 I/O 配置，P0_1 作为模拟 I/O 0：模拟 I/O 禁用 1：模拟 I/O 使能
0	APCFG[0]	0	R/W	模拟外设 I/O 配置，P0_0 作为模拟 I/O 0：模拟 I/O 禁用 1：模拟 I/O 使能

APCFG 控制寄存器控制 P0 端口的 P0_1～P0_7 模拟外设 I/O 引脚的配置，当相应位设置为 1 是，模拟 I/O 功能使能，当相应位设置为 0 时，模拟 I/O 功能禁用。具体配置如示例 4-14 所示。

【示例 4-14】 P0_7 模拟 I/O 功能使能

```
/*P0_7 模拟 I/O 功能使能*/
APCFG |= 0x80;
```

4. 端口 2 方向寄存器 P2DIR

端口 2 方向寄存器 P2DIR 除了设置端口 P2_0～P2_4 输出/输入方向之外，第 6 位和第 7 位还可以用来决定串口 0、串口 1 和定时器 1 的优先级别。端口 2 方向寄存器 P2DIR 如表 4-20 所示。

表 4-20　端口 2 方向寄存器 P2DIR

位	名称	复位	R/W	描　述
7～6	PRIP0	00	R/W	端口 0 外设优先级控制。当 PERCFG 分配给一些外设到相同引脚的时候，这些位将确定优先级 详细优先级列表 00 第 1 优先级：USART0 第 2 优先级：USART1 第 3 优先级：定时器 1 01 第 1 优先级：USART1 第 2 优先级：USART0 第 3 优先级：定时器 1 10 第 1 优先级：定时器 1 通道 0-1 第 2 优先级：USART1 第 3 优先级：USART0 第 4 优先级：定时器 1 通道 2-3 11 第 1 优先级：定时器 1 通道 2-3 第 2 优先级：USART0 第 3 优先级：USART1 第 4 优先级：定时器 1 通道 0-1

续表

位	名称	复位	R/W	描 述
5	--	0	R0	保留
4	DIRP2[4]	0	R/W	P2_4 输入方向 0：输入 1：输出
3	DIRP2[3]	0	R/W	P2_3 输入方向 0：输入 1：输出
2	DIRP2[2]	0	R/W	P2_2 输入方向 0：输入 1：输出
1	DIRP2[1]	0	R/W	P2_1 输入方向 0：输入 1：输出
0	DIRP2[0]	0	R/W	P2_0 输入方向 0：输入 1：输出

P2DIR 的第 6 位和第 7 位决定优先级别顺序。

- 设置为“00”时：第 1 优先级别为串口 0；第 2 优先级别为串口 1；第三优先级别为定时器 1。
- 设置为“01”时：第 1 优先级别为串口 1；第 2 优先级别为串口 0；第三优先级别为定时器 1。
- 设置为“10”时：第 1 优先级别为定时器 1 的通道 0～1；第 2 优先级别为串口 1；第三优先级别为串口 0；第 4 优先级别为定时器 1 的通道 2～3。
- 设置为“11”时：第 1 优先级别为定时器 1 的通道 2～3；第 2 优先级别为串口 0；第三优先级别为串口 1；第 4 优先级别为定时器 1 的通道 0～1。

以设置串口 0 为第一优先级别为例，如果串口 0、串口 1 和定时器 1 共同使用 CC2530 的某些引脚时需要设置其优先级别，如果设置串口 0 的优先级别最高，其具体设置如示例 4-15 所示。

【示例 4-15】 串口 0 优先级别设置

```
/* 设置串口 0 为第一优先级别 */
P1DIR &= ~0xC0;
```

4.5 振荡器和时钟

CC2530 设备内部有一个内部系统时钟或主时钟，为 CC2530 提供精准的时钟设置。此系统时钟或主时钟是由 CC2530 的振荡器来提供。本节将讲解 CC2530 的振荡器与时钟。

4.5.1 振荡器

CC2530有4个振荡器，分别是16MHz内部RC振荡器、32kHz内部RC振荡器、32MHz外部晶振和32kHz外部晶振。其中这4个振荡器又被分为两类：高频振荡器和低频振荡器。

高频振荡器：16MHz内部RC振荡器和32MHz外部晶振为高频振荡器，其作用是为CC2530的主时钟源提供振荡源，此振荡源既可以由16MHz的内部RC振荡器来提供，也可以由32MHz的外部晶振来提供。当使用32MHz的外部晶振作为主时钟源时，在设备刚启动时需要运行在16MHz的内部RC振荡器，这是因为32MHz外部晶振启动时间对一些应用程序来说可能比较长，因此需要设备运行在16MHz RC振荡器，直到32MHz晶振稳定之后才使用外部晶振作为振荡器。由于16MHz内部RC振荡器没有32MHz外部晶振精确，所以不能用于RF收发器操作。

低频振荡器：32kHz内部RC振荡器和32kHz外部晶振为低频振荡器。其中32kHz内部RC振荡器运行在32.753kHz，32kHz外部晶振运行在32.768kHz。两个低频振荡器主要作用是为系统需要的时间精度提供一个稳定的时钟信号校准。校准只能发生在32kHz内部RC振荡器使能的时候，32kHz内部RC振荡器使能可以通过设置寄存器来实现。

4.5.2 系统时钟

系统时钟是从所选的主时钟源获得。主时钟源可以通过寄存器的设置来选择使用32MHz的外部晶振或者16MHz的内部RC振荡器。但是当使用RF收发器时，系统时钟必须选择高速并且稳定的32MHz外部晶振。

系统时钟的设置寄存器有时钟控制命令寄存器CLKCONCMD和时钟控制状态寄存器CLKCONSTA。

4.5.3 时钟配置

时钟控制命令寄存器CLKCONCMD用于选择32kHz时钟振荡器、选择系统主时钟的时钟源、定时器标记输出设置和时钟速度设置。时钟控制命令寄存器如表4-21所示。

表4-21 时钟控制命令寄存器CLKCONCMD

位	名称	复位	R/W	描　述
7	OSC32K	1	R/W	32kHz时钟振荡器选择。设置该位只能发起一个时钟源改变 要改变该位，必须选择16MHz RCOSC作为系统时钟 0：32kHz XOSC 1：32kHz RCOSC
6	OSC	1	R/W	系统时钟源选择。设置该位只能发起一个时钟源改变 0：32MHz XOSC 1：16MHz RCOSC

续表

位	名称	复位	R/W	描　　述
5～3	TICKSPD	001	R/W	定时器标记输出设置。不能高于通过 OSC 位设置的系统时钟设置 000：32MHz 001：16MHz 010：8MHz 011：4MHz 100：2MHz 101：1MHz 110：500kHz 111：250kHz 注意：CLKCONCMD. TICKSPD 可以设置为任意值，但是结果受 CLKCONCMD. OSC 设置的限制，即如果 CLKCONCMD. OSC ＝ 1 不管 TICKSPD 是多少，实际的 TICKSPD 是 16MHz
2～0	CLKSPD	001	R/W	时钟速度。不能高于通过 OSC 位设置的系统时钟设置。标识当前系统时钟频率 000：32MHz 001：16MHz 010：8MHz 011：4MHz 100：2MHz 101：1MHz 110：500kHz 111：250kHz 注：CLKCONCMD. TICKSPD 可以设置为任意值，但是结果受 CLKCONCMD. OSC 设置的限制，即如果 CLKCONCMD. OSC ＝ 1 不管 TICKSPD 是多少，实际的 TICKSPD 是 16MHz

- CLKCONCMD 第 7 位用于选择 32kHz 振荡器，当设置为 0 时，选择 32kHz 的外部晶振；当设置为 1 时，选择 32kHz 的内部 RC 振荡器。当设置此位时系统系统需要运行在 16MHz 的内部 RC 振荡器。
- CLKCONCMD 第 6 位用于选择系统时钟，当设置为 0 时，系统时钟为 32MHz 的外部晶振；当设置为 1 时，系统时钟为 16MHz 的内部 RC 振荡器。
- CLKCONCMD 第 5～3 位一起使用，用于设置定时器的标记输出。
- CLKCONCMD 第 2～0 位一起使用，用于设置时钟速度。

如果将系统设置为 32MHz 的外部晶振，其设置过程详见示例 4-16。

【示例 4-16】 系统时钟设置

```
/* 系统时钟选择 32MHz */
CLKCONCMD &= ~0x40;
```

时钟控制状态寄存器 CLKCONSTA 和时钟控制命令寄存器 CLKCONCMD 一起使用才能改变系统时钟源。时钟控制状态寄存器 CLKCONSTA 如表 4-22 所示。

表 4-22　时钟控制状态寄存器 CLKCONSTA

位	名称	复位	R/W	描　述
7	OSC32K	1	R/W	当前选择的 32kHz 时钟源 0：32kHz 晶振 1：32kHz RCOSC
6	OSC	1	R/W	当前选择系统时钟 0：32MHz XOSC 1：16MHz RCOSC
5～3	TICKSPD	001	R/W	当前设定定时器标记输出 000：32MHz 001：16MHz 010：8MHz 011：4MHz 100：2MHz 101：1MHz 110：500kHz 111：250kHz
2～0	CLKSPD	001	R/W	当前时钟速度 000：32MHz 001：16MHz 010：8MHz 011：4MHz 100：2MHz 101：1MHz 110：500kHz 111：250kHz

- CLKCONSTA 寄存器第 7 位用于选择 32kHz 时钟源。
- CLKCONSTA 寄存器第 6 位用于选择系统时钟源。
- CLKCONSTA 寄存器第 5～3 位用于设置定时器输出设置。
- CLKCONSTA 寄存器第 2～0 位用于设置时钟速度。

时钟控制状态寄存器 CLKCONSTA 和时钟控制命令寄存器 CLKCONCMD 一起设置系统时钟源为 32MHz 外部晶振如示例 4-17 所示。

【示例 4-17】　系统时钟设置为 32MHz

```
/*系统时钟源设置为 32MHz*/
CLKCONCMD &= ~0x40;
CLKCONSTA &= ~0x40;
```

4.6 电源管理

CC2530 的电源管理有 5 种供电模式，不同的供电模式选择的系统时钟源不同。本节将讲解 CC2530 的供电模式及其寄存器设置。

4.6.1 供电模式

CC2530 有 5 种供电模式：主动模式、空闲模式、PM1、PM2 和 PM3，不同的供电模式选择的振荡器不同，不同的供电模式对系统运行的影响如表 4-23 所示。

表 4-23 供电模式

供电模式	高频振荡器	低频振荡器	稳压器
主动模式	32MHz 外部晶振或 16MHz 内部 RC 振荡器	32kHz 外部晶振或 32kHz 内部 RC 振荡器	ON
空闲模式	32MHz 外部晶振或 16MHz 内部 RC 振荡器	32kHz 外部晶振或 32kHz 内部 RC 振荡器	ON
PM1	--	32kHz 外部晶振或 32kHz 内部 RC 振荡器	ON
PM2	--	32kHz 外部晶振或 32kHz 内部 RC 振荡器	OFF
PM3	--	--	OFF

- 主动模式：又称完全功能模式。在此模式下 CPU、外设和 RF 收发器都是活动的。稳压器的数字内核开启，高频振荡器运行情况为：16MHz RC 振荡器或 32MHz 晶振运行，或者这两者都运行；低频振荡器运行情况：32kHz 外部晶或 32kHz 内部 RC 振荡器运行。
- 空闲模式：除了 CPU 停止运行之外，其他的运行方式和主动模式的运行方式相同。
- PM1：稳压器的数字内核开启，高频振荡器都不运行；低频振荡器运行情况：32kHz 外部晶或 32kHz 内部 RC 振荡器运行。当进入 PM1 模式时，CC2530 运行一个掉电序列。由于 PM1 使用的上电/掉电序列较快，等待唤醒事件的预期时间相对较短，一般情况下小于 3ms。
- PM2：具有较低的功耗，稳压器的数字内核关闭，高频振荡器都不运行；低频振荡器运行情况：32kHz 外部晶或 32kHz 内部 RC 振荡器运行。在 PM2 模式下的上电复位时刻，外部中断、所选的 32kHz 振荡器和睡眠定时器外设时活动的。并且 I/O 引脚保留了在进入 PM2 之前设置的 I/O 模式和输出值。所有其他内部电路是掉电的。
- PM3：此模式是最低功耗模式，稳压器的数字内核关闭，高频振荡器和低频振荡器都不运行。在此模式下，复位和外部 I/O 端口中断是该模式下仅有的运行的功能。

4.6.2 电源管理寄存器

供电模式的选择是由相应的寄存器来控制的，电源管理寄存器有供电模式控制寄存器PCON、睡眠模式控制寄存器SLEEPCMD和睡眠模式控制状态寄存器SLEEPSTA。

供电模式控制寄存器PCON主要用来进行供电模式控制，此寄存器的第1～7位为保留位。第0位为供电模式控制位，当此位设置为1时，强制设备进入SLEEPCMD寄存器的供电模式控制。寄存器PCON的详细功能如表4-24所示。

表4-24 供电模式控制寄存器PCON

位	名称	复位	R/W	描　述
7～1	--	000000	R0	保留
0	IDLE	0	R/W H0	供电模式控制 1：强制设备进入SLEEP. MODE设置供电模式。如果SLEEP. MODE＝0x00且IDLE＝1将停止CPU内核活动。所有的使能中断都可以清除此位，设备将重新进入主动模式

睡眠模式控制寄存器SLEEPCMD主要用于供电模式的控制以及低频振荡器32kHz的校准。具体设置如表4-25所示。

表4-25 睡眠模式控制寄存器SLEEPCMD

位	名称	复位	R/W	描　述
7	OSC32K_CALDIS	0	R/W	32kHz RC振荡器校准 0：使能32kHz RC振荡器校准 1：禁用32kHz RC振荡器校准 此设置可以在任何时间写入，但是在芯片没有运行在16MHz高频RC振荡器时不起作用
6～3	--	0000	R0	保留
2	--	1	R/W	总为1，关闭不用的RC振荡器
1～0	MODE[1～0]	00	R/W	供电模式设置 00：主动/空闲模式 01：PM1 10：PM2 11：PM3

- SLEEPCMD寄存器第7位主要作用是使能或禁用32kHz振荡器的校准，当该位设置为0时，使能32kHz内部RC振荡器的校准；当设置为1时；禁用32kHz内部RC振荡器的校准。
- SLEEPCMD寄存器第6～3位为保留位，没有任何意义。
- SLEEPCMD寄存器第1～0位主要作用是为CC2530设置供电模式。设置为00时：供电模式为主动/空闲模式；设置为01时，供电模式为PM1；设置为10时，供电模式为PM2；设置为11时，供电模式为PM3。

在选定主时钟之后，需要关闭不用的RC振荡器，此时需要设置SLEEPCMD的第2位。具体设置如示例4-18所示。

【示例4-18】　关闭不用的RC振荡器

```
/*关闭不用的RC振荡器*/
SLEEPCMD |= 0x40;
```

睡眠模式控制状态寄存器主要作用用于设置32kHz内部RC振荡器的校准、判断32MHz晶振稳定状态等。具体设置如表4-26所示。

表4-26　睡眠模式控制状态寄存器SLEEPSTA

位	名称	复位	R/W	描　述
7	OSC32K_CALDIS	0	R/W	禁用32kHz RC振荡器校准 0：使能32kHz RC振荡器校准 1：禁用32kHz RC振荡器校准 此设置可以在任何时间写入，但是在芯片没有运行在16MHz高频RC振荡器时不起作用
6	XOSC_STB	0	R	32MHz晶振稳定状态 0：32MHz晶振上电不稳定 1：32MHz晶振上电稳定
5	--	0	R	保留
4～3	RST[1:0]	XX	R	状态位，表示上一次复位的原因 00：上电复位和掉电探测 01：外部复位 10：看门狗定时器复位 11：时钟丢失复位
2～1	--	00	R	保留
0	CLK32K	0	R	32kHz时钟信号(与系统时钟同步)

在主时钟选择32MHz晶振时，在设备启动过程中，由于32MHz晶振启动时间比较长，因此需要先启动16MHz晶振，并等待32MHz晶振稳定之后再使用32MHz晶振。判断32MHz晶振是否稳定如示例4-19所示。

【示例4-19】　等待32MHz晶振稳定

```
/*等待32MHz晶振稳定*/
While(!(SLEEPSTA&0x40));
```

4.6.3　系统时钟初始化

在使用串口、DMA、RF等功能时需要对系统时钟进行初始化，以系统时钟选择32MHz晶振为例来设置系统时钟。

- 系统时钟选择32MHz晶振。
- 等待32MHz晶振稳定，因为在设备刚上电时，32MHz晶振启动时间比较长，所以刚上电时系统运行的是16MHz的内部RC振荡器，等待32MHz晶振稳定之后再使用32MHz晶振。

- 设置定时器时钟输出128分频，当前系统时钟不分频。
- 关闭不用的RC振荡器。

具体代码详见实例4-4。

【实例4-4】 CLOCKINIT

```
#include <ioCC2530.h>
void main(void)
{
    /* 晶振选择32MHz */
    CLKCONCMD &= ~0x40;
    /* 等待晶振稳定 */
    while(!(SLEEPSTA & 0x40));
    /* TICHSPD128分频，CLKSPD不分频 */
    CLKCONCMD &= ~0x47;
    /* 关闭不用的RC振荡器 */
    SLEEPCMD |= 0x04;

}
```

4.7 CC2530 ADC

CC2530具有ADC的功能，进行模拟信号与数字信号转换，本节将介绍CC2530 ADC的使用，包括ADC寄存器、ADC操作和ADC信息采集。

4.7.1 ADC概述

CC2530的ADC支持14位的模拟数字转换，具有多达12位的有效数字位。它包括一个模拟多路转换器，多达8个独立的可配置通道、1个参考电压的发生器。ADC的主要特点如下：

- 可选的抽取率；
- 8个独立的输入通道，可接受单端或差分信号；
- 参考电压可选为内部单端、外部单端、外部差分或AVDD5；
- 中断请求的产生；
- 转换结束时DMA触发；
- 温度传感器输入；
- 电池测量功能。

4.7.2 ADC操作

ADC操作包括ADC输入、ADC运行模式选择、ADC转换结果处理和ADC中断等操作。

1. ADC输入

ADC输入引脚连接在端口0上，ADC的输入引脚为AIN0～AIN7引脚，分别对应端口0

的 P0_0～P0_7 引脚。ADC 输入可以分为 ADC 单端输入、ADC 差分输入、片上温度传感器输入、AVDD5/3 输入。

- ADC 单端输入：ADC 输入的 AIN0～AIN7 以通道号码 0～7 表示，分别连接 P0 端口的 P0_1～P0_7。
- ADC 差分输入：ADC 差分输入由 ADC 输入对 AIN0-AIN1、AIN2-AIN3、AIN4-AIN5 和 AIN6-AIN7 组成，以通道号码 12～15 表示。
- 片上温度传感器输入：片上温度传感器用于测量片上温度。可以由寄存器控制作为 ADC 输入。
- AVDD5/3 输入：AVDD5/3 输入连接 AVDD5 引脚，适用于 AIN7 输入引脚的外部电压或适用于 AIN6-AIN7 输入引脚的差分电压。

2. ADC 运行模式

ADC 运行模式和初始化转换由三个控制寄存器来控制。三个寄存器分别是 ADCCON1、ADCCON2、ADCCON3（对这三个寄存器将在 4.7.3 节中详细讲解）。

- ADCCON1 的 EOC 位是一个状态位，当一个转换结束时，此位变为高电平；当读取转换值时，此位被清零。
- ADCCON1.ST 位用于启动一个转换序列。当此位设置为高电平时，ADCCON1.STSEL 为 11，并且没有转换在运行时，会启动一个序列。当这个序列转换完成后，此位被清零。
- ADCCON2 寄存器控制转换序列的执行。
- ADCCON3 寄存器控制单个转换的通道号码、参考电压和抽取率。单个转换在寄存器 ADCCON3 写入后将立即发生，或如果一个转换序列在进行时，该序列结束之后立即发生。该寄存器位的编码和 ADCCON2 是完全一样的。

3. ADC 转换结果和中断

ADC 数字转换结果以 2 的补码的形式表示。对于单端配置，由于输入信号和地面之间的差值总是一个正符号数，所以结果总是为正值。对于差分输入，由于差分配置，两个引脚之间的差分被转换，这个差分可以是负符号数。

ADC 转换结果由 ADCCON1 来控制，当数字转换结束时，转换结果存放在寄存器 ADCH 和 ADCL 中，但是转换结果总是存放在 ADCH 和 ADCL 寄存器组合的有效数字字段中。

ADC 中断是通过 ADCCON3 触发控制的，当一个单个转换完成时，ADC 将产生一个中断，当一个转换序列完成时，ADC 将不产生中断。

4.7.3 ADC 寄存器

ADC 的操作等功能是有 ADC 寄存器来完成的，ADC 的寄存器有 ADC 控制寄存器 ADCCON1、ADC 控制寄存器 ADCCON2、ADC 控制寄存器 ADCCON3、ADC 测试寄存器 TR0、ADC 数据低位 ADCL 和 ADC 数据高位 ADCH。

ADC 控制寄存器 ADCCON1 主要用于判断 A/D 转换是否结束、开启 A/D 转换以及选择 A/D 转换项等。ADCCON1 寄存器如表 4-27 所示。

表 4-27　ADC 控制寄存器 1——ADCCON1

位	名称	复位	R/W	描　述
7	EOC	0	R/H0	转换结束。当 ADCH 被获取的时候清除。如果已读取前一数据之前,完成一个新的转换,EOC 位仍然为高 0：转换没有完成 1：转换完成
6	ST	0	--	开始转换。读为 1,直到转换完成 0：没有转换正在进行 1：开始转换序列如果 ADCCON1. ATAEL＝11 没有其他序列进行转换
5～4	STSEL[1～0]	11	R/W1	启动选择,选择该事件,将启动一个新的转换序列 00：P2.0 引脚的外部触发 01：全速,不等待触发器 10：定时器 1 通道 0 比较事件 11：ADCCON1. ST＝1
3～2	RCTRL[1～0]	00	R/W	控制 16 位随机数发生器。操作完成自动清零 00：正常运行 01：LFSR 的时钟一次 10：保留 11：停止。关闭随机数发生器
1～0	--	11	R/W	保留

- ADCCON1 寄存器第 7 位,主要作用是判断 A/D 转换是否结束。如果此位为 0,表明转换没有结束；如果此位为 1,表明标志转换已经结束。
- ADCCON1 寄存器第 6 位,主要作用是开启 A/D 转换。如果设置为 0,表明无 A/D 转换；如果设置为 1,表明 A/D 转换开始。
- ADCCON1 寄存器第 5～4 位,主要作用是选择 A/D 转换事件。设置为 00 时,P2.0 引脚的外部触发 A/D 转换；设置为 11 时,停止 A/D 转换。

在设置 A/D 转换时,需要停止 A/D 或开启 A/D,此时需要设置 ADC 控制寄存器 ADCCON1 的第 6～4 位,其应用如示例 4-20 所示。

【示例 4-20】　开启/停止 A/D 转换

```
/＊开启/停止 A/D 转换＊/
ADCCON1 = 0x30;
ADCCON1 |= 0x40;
```

ADC 控制寄存器 ADCCON2 主要作用是控制转换序列是如何执行的。并且 ADCCON2 寄存器的 8 个通道可以用于 DMA 触发,每完成一个转换序列将产生一个 DMA 触发。ADCCON2 寄存器的详细说明如表 4-28 所示。

表 4-28 ADC 控制寄存器 2——ADCCON2

位	名称	复位	R/W	描述
7～6	SREF[1～0]	00	R/W	选择参考电压用于序列转换 00：内部参考电压 01：AIN7 引脚上的外部参考电压 10：AVDD5 引脚 11：AIN6-AIN7 差分输入外部参考电压
5～4	SDIV	01	R/W	为包含在转换序列内的通道设置抽取率，抽取率也决定完成转换需要的时间和分辨率 00：64 抽取率(7 位有效数字位) 01：128 抽取率(9 位有效数字位) 10：256 抽取率(10 位有效数字位) 11：512 抽取率(12 位有效数字位)
3～0	SCH	0000	R/W	序列通道选择，选择序列结束，一个序列可以是从 AIN0 到 AIN7(SCH≤7)也可以从差分输入 AIN0-AIN1 到 AIN6-AIN7(8≤SCH≤11)。对于其他设置，只能执行单个转换。 当读取的时侯，这些位将代表有转换进行的通道号码。 0000：AIN0 0001：AIN1 0010：AIN2 0011：AIN3 0100：AIN4 0101：AIN1 0110：AIN6 0111：AIN7 1000：AIN0-AIN1 1001：AIN2-AIN3 1010：AIN4-AIN5 1011：AIN6-AIN7 1100：GND 1101：正电压参考 1110：温度传感器 1111：VDD/3

- ADCCON2 寄存器的第 7～6 位，用于选择参考电压，其中参考电压只能在没有转换运行的时候进行修改。
- ADCCON2 寄存器的第 5～4 位用于选择转换序列的抽取率。
- ADCCON2 寄存器的第 3～0 位用于转换序列的通道选择。

如果采用转换序列，参考电压为电源电压，对 P0.7 进行采样，抽取率设置为 512，其 ADCCON2 寄存器的具体设置如示例 4-21 所示。

【示例 4-21】 ADCCON2 转换序列配置

```
/ * ADCCON2 寄存器设置 * /
ADCCON2 = 0xb7;
```

ADC 控制寄存器 ADCCON3 的主要作用是控制 A/D 单次转换是如何执行的，ADCCON 寄存器的详细说明如表 4-29 所示。

表 4-29 ADC 控制寄存器 3——ADCCON3

位	名称	复位	R/W	描 述
7：6	EREF[1:0]	00	R/W	选择用于额外转换的参考电压 00：内部参考电压 01：AIN7 引脚上的外部参考电压 10：AVDD5 引脚 11：AIN6-AIN7 差分输入外部参考电压
5：4	EDIV	00	R/W	设置用于额外转换的抽取率。抽取率也决定可完成转换需要的时间和分辨率 00：64 抽取率(7 位有效数字位) 01：128 抽取率(9 位有效数字位) 10：256 抽取率(10 位有效数字位) 11：512 抽取率(12 位有效数字位)
3：0	ECH	0000	R/W	单个通道选择。选择写 ADCCON3 触发的单个转换所在的通道号码。当单个转换完成，该位自动清除。 0000：AIN0 0001：AIN1 0010：AIN2 0011：AIN3 0100：AIN4 0101：AIN1 0110：AIN6 0111：AIN7 1000：AIN0-AIN1 1001：AIN2-AIN3 1010：AIN4-AIN5 1011：AIN6-AIN7 1100：GND 1101：正电压参考 1110：温度传感器 1111：VDD/3

- ADCCON3 寄存器的第 7～6 位，用于选择额外转换的参考电压。
- ADCCON3 寄存器的第 5～4 位用于选择 A/D 单次序列的抽取率。
- ADCCON2 寄存器的第 3～0 位用于 A/D 单次转换的通道选择。

如果采用单次转换，参考电压为电源电压，对 P0.7 进行采样，抽取率设置为 512，其 ADCCON3 寄存器的具体设置如示例 4-22 所示。

【示例 4-22】 ADCCON3 转换序列配置

```
/* ADCCON3 寄存器设置 */
ADCCON3 = 0xb7;
```

ADC 测试寄存器 0——TR0 主要作用是连接温度传感器进行测试。此寄存器的第 7～1 位为保留位，当把第 0 位设置为 1 时，连接温度传感器进行测试。ADC 测试寄存器 0 详细描述如表 4-30 所示。

表 4-30 ADC 测试寄存器 0——TR0

位	名称	复位	R/W	描 述
7：1	--	0000000	R0	保留
0	ADCTM	0	R/W	设置为 1 来连接温度传感器到 SOC_ADC

ADC 数据寄存器是用来存放模/数转换结果的。ADC 数据寄存器分为数据低位寄存器 ADCL 和数据高位寄存器 ADCH。ADC 低位寄存器和 ADC 高位寄存器描述如表 4-31 和表 4-32 所示。

表 4-31 ADC 数据低位寄存器 ADCL

位	名称	复位	R/W	描 述
7：2	ADC[5：0]	000000	R	ADC 转换结果低位部分
1：0	--	00	R0	保留

表 4-32 ADC 数据高位寄存器 ADCH

位	名称	复位	R/W	描 述
7：0	ADC[13：6]	0x00	R	ADC 转换结构高位部分

4.7.4 ADC 信息采集

本节通过 AD 采集 P0_7 引脚的电压为例来讲解 ADC 的使用。在使用 ADC 采集信息之前首先要对 ADC 初始化。ADC 初始化步骤如下：

(1) 将 ADC 数据寄存器 ADCH 和 ADCL 清零；

(2) 设置 P0_7 引脚模拟 I/O 功能使能；

(3) 设置 ADC 的运行模式为单次转换，并且选择参考电压为电源电压，对 P0_7 进行采样，并选择抽取率为 512；

(4) 启动 ADC 转换，在启动 ADC 转换之前，要先关闭 ADC 转换。

具体代码如实例 4-5 ADC 初始化函数 InitialAD()所示。

【实例 4-5】 InitialAD()

```
void InitialAD(void)
{
/* 清除 ADC 数据寄存器 */
    ADCH &= 0X00;
```

```
    ADCL &= 0X00;
    /*P0_7 端口模拟 I/O 使能*/
    ADCCFG |= 0X80;
    /*单次转换,参考电压为电源电压,对 P0_7 进行采样 抽取率为 512*/
    ADCCON3 = 0xb7;
    /*停止 A/D*/
    ADCCON1 = 0X30;
    /*启动 A/D*/
    ADCCON1 |= 0X40;
}
```

在主函数中进行 A/D 转换,并且将转换的结果转化为字符类型,其具体步骤如下:

(1) 设置 LED 指示,当 ADC 转换完成之后,LED1 状态改变一次。

(2) 调用 ADC 初始化函数,对 ADC 进行初始化。

(3) 等待 ADC 转换完成,如果转换完成,将 ADC 转换的结果放入 temp 中。

(4) 调用 ADC 初始化函数进行下一次转换。

(5) 处理 ADC 转换的结果。

具体代码如实例 4-5 main()函数所示。

【实例 4-5】 main()

```
void main(void)
{
    /*P1 控制 LED*/
    P1DIR = 0x03;
    /*关 LED*/
    LED1 = 1;
    LED2 = 1;
    /*初始化 ADC*/
    InitialAD();
    while(1)
    {
        /*等待 ADC 转换完成*/
        if(ADCCON1&0x80)
        {
            /*转换完毕指示*/
            temp[1] = ADCL;
            temp[0] = ADCH;
            /*初始化 AD*/
            InitialAD();
            /*开始下一转换*/
            ADCCON1 |= 0x40;
            /*adc 赋值*/
            adc |= (uint)temp[1];
            adc |= ( (uint) temp[0] )<<8;
            if(adc&0x8000)
            {
                adc = 0;
            }
            else
            {
                /*定参考电压为 3.3V,14 位分辨率*/
```

```
            num = adc * 3.3/8192;
            adcdata[1] = (char)(num) % 10 + 48;
            adcdata[3] = (char)(num * 10) % 10 + 48;
        }
        Delay(30000);
        LED1 = ~LED1;
        Delay(30000);
    }
  }
}
```

以下代码为本实例的头文件、宏定义和函数声明，由于延时函数 Delay 在前面已经介绍过，此处不再赘述。

【实例 4-5】 头文件

```
#include "ioCC2530.h"
#define uint unsigned int
/* 定义 LED 的端口 */
#define LED1 P1_0
#define LED2 P1_1
char temp[2];
uint adc;
float num;
void Delay(uint);
void InitialAD(void);
char adcdata[] = " 0.0V ";
```

程序编写完成且编译没有错误后，连接硬件，将程序下载至设备中。在线调试，可以观察现象，可以看到 adcdata 中采集的电压值，如图 4-3 所示。

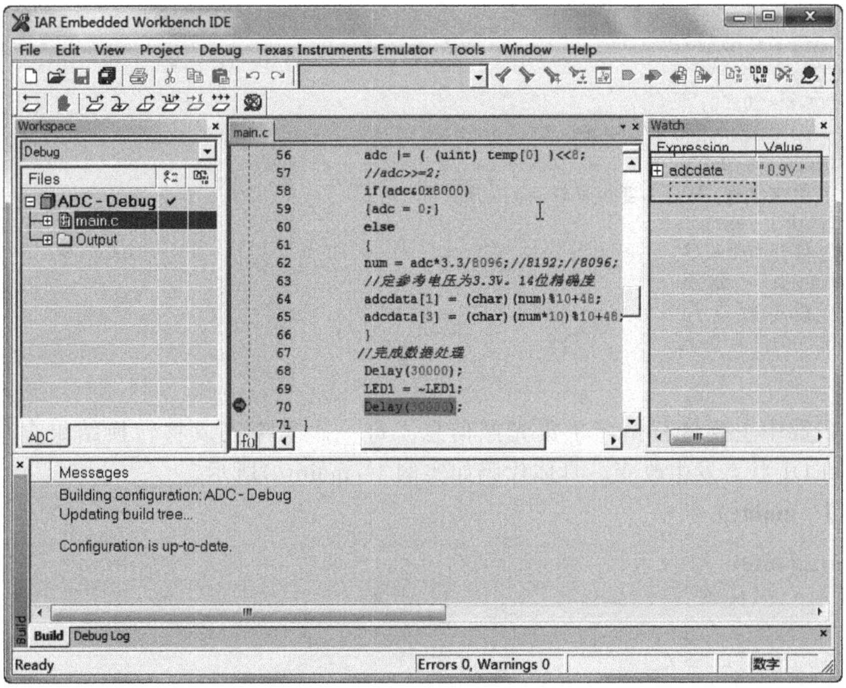

图 4-3 ADC 信息采集结果

4.8 贯穿项目实现：传感信息采集

传感信息采集包括光照信息采集和温度信息采集。光照信息采集使用光敏电阻，温度信息采集使用温度传感器 DS18B20 进行采集。

4.8.1 光照信息采集

本节实现贯穿项目——CC2530 采集光照信息。本实例中采用光敏电阻来采集光照信息。光敏电阻用于光照的测量、控制和光电转换，即将光照的变化转换为电信号的变化。光敏电阻将光照信息转换为电信号，CC2530 通过监测相应引脚的电信号变化即可采集光照信息。此电信号的采集是通过 A/D 信息采集来进行的。

因为光敏电阻连接 CC2530 的 P0_1 引脚，通过 A/D 采集 P0_1 引脚的电信号来采集光照信息。首先要对 ADC 进行初始化，ADC 初始化步骤如下：

(1) 将 ADC 数据寄存器 ADCH 和 ADCL 清零；

(2) 设置 P0_1 引脚模拟 I/O 功能使能；

(3) 设置 ADC 的运行模式为单次转换，并且选择参考电压为引脚外部电压，对 P0_1 进行采样，并选择抽取率为 512；

(4) 启动 ADC 转换，在启动 ADC 转换之前，要先关闭 ADC 转换。

具体代码如实例 4-6GuangMing()所示。

【实例 4-6】 GuangMing()

```
void GuangMing(void)
{
    /* 清 EOC 标志 */
    ADCH &= 0x00;
    ADCL &= 0x00;
    /* P0.1 端口模拟 I/O 使能 */
    ADCCFG |= 0x02;
    /* 单次转换,对 P01 进行采样 12 位分辨率 */
    ADCCON3 = 0x71;
    /* 停止 A/D */
    ADCCON1 = 0X30;
    /* 启动 A/D */
    ADCCON1 |= 0x40;
}
```

在主函数中主要进行循环采集光照信息。每一次采集完成将转换结果存放在 temp 中，并且 LED1 状态发生改变。具体代码如实例 4-7main( )所示。

【实例 4-7】 main()

```
void main(void)
{

    /* P1 控制 LED */
    P1DIR = 0x03;
```

```
        /*关 LED*/
        LED1 = 0;
        LED2 = 0;
        /*初始化光敏电阻*/
        GuangMing();
        while(1)
        {
            /*等待 ADC 转换完成*/
            if(ADCCON1&0x80)
            {
                //转换完毕指示
                temp[1] = ADCL;
                temp[0] = ADCH;
                /*初始化光敏电阻*/
                GuangMing();
                /*开始下一转换*/
                ADCCON1 |= 0x40;
                /*完成数据处理 *
                Delay(30000);
                LED1 = ~LED1;
                Delay(30000);
            }
        }
    }
```

在头文件中定义了 LED 的连接方式以及函数的声明，具体代码如实例 4-8 所示。

【实例 4-8】 头文件

```
#include "ioCC2530.h"
#define uint unsigned int
/*定义控制灯的端口*/
#define LED1 P1_0
#define LED2 P1_1

char temp[2];
void Delay(uint);
void GuangMing(void);
```

以下为延时函数，CC2530 执行一条语句的时间为 0.3μs，此延时函数，当 n=1 时，延时时间为 1.5μs。具体代码如实例 4-9 所示。

【实例 4-9】 Delay()

```
/*延时函数*/
void Delay(uint n)
{
    uint i;
    for(i=0;i<n;i++);
    for(i=0;i<n;i++);
    for(i=0;i<n;i++);
    for(i=0;i<n;i++);
    for(i=0;i<n;i++);
}
```

4.8.2 温度信息采集

温度信息采集使用DS18B20温度传感器，DS18B20是一款数字温度传感器，其主要功能和特点如下：

- 单总线结构，只需一根信号线和CPU相连。
- 不需要外部元件，直接输出串行数据。
- 可不需要外部电源，直接通过信号线供电，电源电压范围为3.3～5V。
- 测温精度高，测温范围为：－55℃～＋125℃，在－10℃～＋85℃范围内，精度为±0.5℃。
- 测温分辨率高，当选用12位转换位数时，温度分辨率可达0.0625℃。
- 数字量的转换精度及转换时间可通过简单的编程来控制：9位精度的转换时间为93.75ms；10位精度的转换时间187.5ms；12位精度的转换时间750ms。
- 具有非易失性报警上、下限功能，用户可方便地通过编程修改上、下限的数值。
- 可通过报警搜索命令识别哪片DS18B20采集的温度超越上、下限。

目前常用的DS18B20引脚为3个引脚，分别是GND、DQ和VCC。DS18B20引脚如图4-4所示。

- DQ：数字信号输入/输出端。
- GND：电源地端。
- VCC：外接供电电源输入端。

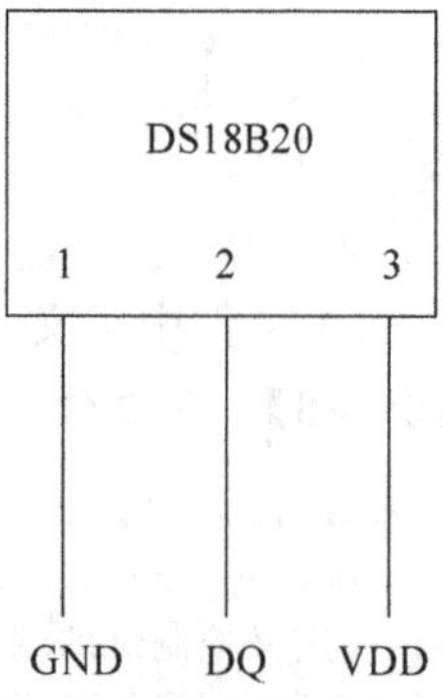

图4-4　DS18B20引脚图

DS18B20主要有64位光刻ROM、温度传感器、非易失性温度报警触发器TH和TL、配置寄存器等组成。

- 64位光刻ROM是生产厂家给每一个出厂的DS18B20命名的产品序列号，可以看作为该器件的地址序列号。其作用是使每一个出厂的DS18B20地址序列号都各不相同，这样，就可以实现一根总线上挂接多个DS18B20的目的。
- DS18B20中的温度传感器完成对温度的测量，输出格式为：16位符号扩展的二进制补码。当测温精度设置为12位时，分辨率为0.0625℃，即0.0625℃/LSB。
- DS18B20中的低温触发器TL、高温触发器TH，用于设置低温、高温的报警数值。DS18B20完成一个周期的温度测量后，将测得的温度值和TL、TH相比较，如果小于TL，或大于TH，则表示温度越限，将该器件内的告警标志位置位，并对主机发出的告警搜索命令作出响应。需要修改上、下限温度值时，只需使用一个功能命令即可对TL、TH写入，十分方便。
- DS18B20中的高速暂存器是一个9字节的存储器。

DS18B20的读写操作介绍包括ROM操作命令、存储器操作命令和DS18B20的复位及读写时序。

ROM操作指令包括读指令、选择定位命令、查询命令、跳过ROM序列号检测命令和报警查询命令。各个命令作用如下：

- 读命令(33H)——通过该命令主机可以读出DS18B20的ROM中的8位系列产品代码、48位产品序列号和8位CRC校验码。该命令仅限于单个DS18B20在线的情况。

- 选择定位命令(55H)——当多片 DS18B20 在线时,主机发出该命令和一个 64 位数,DS18B20 内部 ROM 与主机一致者,才响应命令。该命令也可用于单个 DS18820 的情况。
- 查询命令(0F0H)——该命令可查询总线上 DS18B20 的数目及其 64 位序列号。
- 跳过 ROM 序列号检测命令(OCCH)——该命令允许主机跳过 ROM 序列号检测而直接对寄存器操作,该命令仅限于单个 DS18B20 在线的情况。
- 报警查询命令(0ECH)——只有报警标志置位后,DS18B20 才响应该命令。

存储器操作命令包括写入命令、读出命令、开始转换命令、回调命令、复制命令和读电源标志命令,具体阐述如下:

- 写入命令(4EH)——该命令可写入寄存器的第 2~4 字节,即高低温寄存器和配置寄存器。复位信号发出之前,三个字节必须写完。
- 读出命令(0BEH)——该命令可读出寄存器中的内容,复位命令可终止读出。
- 开始转换命令(44H)——该命令使 DS18B20 立即开始温度转换,当温度转换正在进行时,主机这时读总线将收到 0;当温度转换结束时,主机这时读总线将收到 1。若用信号线给 DS18B20 供电,则主机发出转换命令后,必须提供至少相应于分辨率的温度转换时间的上拉电平。
- 回调命令(088H)——该命令把 EEPROM 中的内容写到寄存器 TH、TL 及配置寄存器中。DS18B20 上电时能自动写入。
- 复制命令(48H)——该命令把寄存器 TH、TL 及配置寄存器中的内容写到 EEPROM 中。
- 读电源标志命令(084H)——主机发出该命令后,DS18B20 将进行响应,发送电源标志,信号线供电发 0,外接电源发 1。

DS18B20 的复位及读写时序具体操作如下:

- 复位:对 DS18B20 操作之前,首先要将它复位。复位时序为:

(1) 主机将信号线置为低电平,时间为 480~960μs。

(2) 主机将信号线置为高电平,时间为 15~60μs。

- DS18B20 发出 60~240μs 的低电平作为应答信号。主机收到此信号后,才能对 DS18B20 作其他操作。
- 写操作:主机将信号线从高电平拉至低电平,产生写起始信号。从信号线的下降沿开始,在 15~60μs 的时间内 DS18B20 对信号线检测,如信号线为高电平,则写 1,如信号线为 0,则写 0,从而完成了一个写周期。在开始另一个写周期前,必须有 1 μs 以上的高电平恢复期。
- 读操作:主机将信号线从高电平拉低至低电平 1μs 以上,再使数据线升为高电平,产生读起始信号。在主机将信号线从高电平拉低至低电平起 15~60μs 的时间段内,DS18B20 将数据放到信号线上,供主机读取。从而完成了一个读周期。在开始另一个读周期前,必须有 1μs 以上的高电平恢复期。

以下代码将实现 CC2530 控制 DS18B20 采集温度信息。首先需要定义 DS18B20 与 CC2530 引脚的连接,以及 DS18B20 的一些操作码。此定义在 DS18B20.H 文件中定义。

在 DS18B20.H 中定义了以下操作码。

- 搜索 ROM 操作码；
- 读 ROM 操作码；
- 匹配 ROM 操作码；
- 报警查询操作码；
- 写入命令、读出命令和复制命令操作码；
- 读电源供应操作码。

在 DS18B20.H 文件中还定义了高低电平及信号的输入/输出方向，以及函数的声明。具体定义如下：

- DS18B20 的信号引脚与 CC2530 的 P0_1 连接。
- 高电平定义为 HIGH，低电平定义为 LOW。

具体定义如实例 4-10 所示。

【实例 4-10】 DS18B20.H

```
/**************************************************/
#ifndef DS18B20_H_
#define DS18B20_H_
/**************************************************
  以下定义为DS18B20支持的所有命令
**************************************************/
#include "ioCC2530.h"
/*搜索ROM*/
#define SEARCH_ROM       0xF0
/*读ROM*/
#define READ_ROM         0x33
/*匹配ROM(挂多个DS18B20时使用)*/
#define MATCH_ROM        0x55
/*跳过匹配ROM(单个DS18B20时跳过)*/
#define SKIP_ROM         0xCC
/*警报搜索*/
#define ALARM_SEARCH     0xEC
/*开始转换温度*/
#define CONVERT_T        0x44
/*写入命令*/
#define WR_SCRATCHPAD    0x4E
/*读出命令*/
#define RD_SCRATCHPAD    0xBE
/*复制命令*/
#define CPY_CCTATCHPAD   0x48
/*未启用*/
#define RECALL_EE        0xB8
/*读电源供应*/
#define RD_PWR_SUPPLY    0xB4
/*高电平*/
#define HIGH             1
/*低电平*/
#define LOW              0
/*DS18B20数据I/O口*/
```

```
#define DQ                 P1_1
/*DS18B20 I/O方向*/
#define DQ_DIR_OUT      0x02
/*清除数据*/
#define CL_DQ()      DQ = LOW
/*设置数据*/
#define SET_DQ()      DQ = HIGH
/*设置I/O方向,out设置I/O方向为输出*/
#define SET_OUT()    P1DIR |=   DQ_DIR_OUT
/*设置I/O方向,in设备I/O方向为输入*/
#define SET_IN()     P1DIR &= ~DQ_DIR_OUT
/*数据类型重定义*/
typedef unsigned short uint16;
/*延时n μs函数*/
extern void delay_nμs(uint16 n);
/*DS18B20写命令*/
extern void DS18B20_Write(unsigned char x);
/*DS18B20读数据*/
extern unsigned char DS18B20_Read(void);
/*DS18B20初始化/复位*/
extern void DS18B20_Init(void);
/*发送转换温度命令*/
extern void DS18B20_SendConvert(void);
/*DS18B20获取温度*/
extern unsigned char* DS18B20_GetTem(void);
#endif
```

使用DS18B20采集温度时,首先要对DS18B20温度传感器进行初始化,然后才可以采集温度信息。DS18B20的初始化按照DS18B20的复位及读写时序进行初始化。初始化过程如下:

- 主机将信号线置为低电平,时间为480～960μs。
- 主机将信号线置为高电平,时间为15～60μs。
- DS18B20发出60～240μs的低电平作为应答信号。主机收到此信号后,才能对DS18B20进行其他操作。

具体代码如实例4-11所示。

【实例4-11】 DS18B20_Init()

```
void DS18B20_Init(void)
{
    SET_OUT();
    /*I/O口拉高*/
    SET_DQ();
    /*I/O口拉低*
    CL_DQ();
    /*I/O拉低后保持一段时间480-960μs*/
    delay_nμs(550);
    /*释放*/
    SET_DQ();
```

```
        /* I/O 方向为输入 DS18B20 -> CC2530 *
        SET_IN();
        /* 释放总线后等待 15 - 60μs */
        delay_nμs(40);
        /*  等待 DQ 变低  */
        while(DQ)
        {
            ;
        }
        /* 检测到 DQ 变低后,延时 60 - 240μs */
        delay_nμs(100);
        /* 设置 I/O 方向为输出 CC2530 -> DS18B20 */
        SET_OUT();
        /* I/O 拉高 */
        SET_DQ();
    }
```

DS18B20 的写操作是 CC2530 对 DS18B20 进行具体操作,例如搜索 ROM 操作码、读 ROM 操作码、匹配 ROM、报警查询、写入命令、读出命令和复制命令等,写操作的具体实现如实例 4-12 所示。

【实例 4-12】 DS18B20_Write()

```
    void DS18B20_Write(unsigned char cmd)
    {
        unsigned char i;
        /* 设置 I/O 为输出,2530 -> DS18B20 *
        SET_OUT();
        /* 每次一位,循环 8 次 */
        for(i = 0; i<8; i++)
        {
            /* I/O 为低 */
            CL_DQ();
            /* 写数据从低位开始 */
            if( cmd & (1 << i) )
            {
                /* I/O 输入高电平 */
                SET_DQ();
            }
            else
            {
                /* I/O 输出低电平 */
                CL_DQ();
            }
            /* 保持 15~60μs */
            delay_nμs(40);
            /* I/O 口拉高 */
            SET_DQ();
        }
        /* I/O 口拉高 */
        SET_DQ();
    }
```

DS18B20_Read()函数主要功能是实现 CC2530 从 DS18B20 中读出数据，此函数的返回数据为读取的 DS18B20 的数据。具体代码如实例 4-13 所示。

【实例 4-13】 DS18B20_Read()

```
unsigned char DS18B20_Read(void)
{
    /* 读出的数据 */
    unsigned char rdData;
    /* 临时变量 */
    unsigned char i, dat;
    /* 读出的数据初始化为 0 */
    rdData = 0;
    /* 每次读一位,读 8 次 */
    for(i = 0; i<8; i++)
    {
        SET_OUT();
        /* I/O 拉低 */
        CL_DQ();
        /* I/O 拉高 */
        SET_DQ();
        /* 设置 I/O 方向为输入 DS18B20 -> CC2530 */
        SET_IN();
        /* 读数据,从低位开始 */
        dat = DQ;
        if(dat)
        {
            /* 如果读出的数据位为正 */
            rdData |= (1 << i);
        }
        else
        {
            /* 如果读出的数据位为负 */
            rdData &= ~(1 << i);
        }
        /* 保持 60~120μs */
        delay_nμs(70);
        /* 设置 I/O 方向为输出 CC2530 -> DS18B20 */
        SET_OUT();
    }
    /* 返回读出的数据 */
    return (rdData);
}
```

DS18B20_GetTem( )函数主要功能是获得温度信息。此函数调用 DS18B20 初始化函数，配置 ROM 匹配等操作读取温度的高位和低位。具体实现如实例 4-14 所示。

【实例 4-14】 DS18B20_GetTem()

```
unsigned char * DS18B20_GetTem(void)
{
    /* 温度高位字节及低位字节 */
```

```
    unsigned char tem_h,tem_l;
    /*临时变量*/
    unsigned char a,b;
    /*温度正负标记,正为0,负为1*/
    unsigned char flag;
    /*DS18B20复位*/
    DS18B20_Init();
    /*跳过ROM匹配*/
    DS18B20_Write(SKIP_ROM);
    /*读暂存寄存器*/
    DS18B20_Write(RD_SCRATCHPAD);
    /*读温度低位*/
    tem_l = DS18B20_Read();
    /*读温度高位*/
    tem_h = DS18B20_Read();
    /*判断温度正负 */
    if(tem_h & 0x80)
    {
        /*温度为负*/
        flag = 1;
        /*取温度低4位原码*/
        a = (tem_l>>4);
        /*取温度高4位原码*/
        b = (tem_h<<4)& 0xf0;
        /*取整数部分数值,不含符号位*/
        tem_h = ~(a|b) + 1;
        /*取小数部分原值,不含符号位*/
        tem_l = ~(a&0x0f) + 1;
    }
    else
    {
        /*为正*/
        flag = 0;
        /*得到整数部分值*/
        a = tem_h<<4;
        a += (tem_l&0xf0)>>4;
        /*得出小数部分值*/
        b = tem_l&0x0f;
        /*整数部分*/
        tem_h = a;
        /*小数部分*/
        tem_l = b&0xff;
    }
    /*查表得小数值*/
    sensor_data_value[0] = FRACTION_INDEX[tem_l];
    /*整数部分,包括符号位*/
    sensor_data_value[1] = tem_h| (flag<<7);
    return (sensor_data_value);
}
```

getTemStr()函数主要功能是获得温度信息的字符串，将从 DS18B20 中读取的温度信息，按照一定的计算公式获得最终的字符串。具体实现如实例 4-15 所示。

【实例 4-15】 getTemStr()

```
unsigned char * getTemStr(void)
{
  unsigned char * TEMP;
    /* 获取温度值 */
    TEMP = DS18B20_GetTem();
    /* 获取温度低位 */
    teml = TEMP[0];
    /* 获取温度高位 *
    temh = TEMP[1];
    ch[0] = '';
    ch[1] = '';
    /* 判断正负温度 */
    if(temh & 0x80)
    {
        /* 最高位为正 */
        ch[2] = '-';
    }
    else ch[2] = '+';
    if(temh/100 == 0)
    ch[3] = '';
    /* +0x30 为变 0~9 ASCII 码 */
    else ch[3] = temh/100 + 0x30;
    if((temh/10 % 10 == 0)&&(temh/100 == 0))
    ch[4] = '';
    else
    ch[4] = temh/10 % 10 + 0x30;
    ch[5] = temh % 10 + 0x30;
    ch[6] = '.';
    /* 小数部分 */
    ch[7] = teml + 0x30;
    ch[8] = '\0';
   return(ch);
}
```

DS18B20_SendConvert( )函数调用 DS18B20 初始化函数后，启动温度转换。其主要功能是开启温度转换。具体实现如实例 4-16 所示。

【实例 4-16】 DS18B20_SendConvert()

```
void DS18B20_SendConvert(void)
{
    /* 复位 18B20 */
    DS18B20_Init();
    /* 发出跳过 ROM 匹配操作 */
    DS18B20_Write(SKIP_ROM);
    /* 启动温度转换 */
    DS18B20_Write(CONVERT_T);
}
```

在 main 函数中调用温度转换函数，获取温度并转换为温度字符串。主要代码如实例 4-17 所示。

【实例 4-17】 main()

```
#include "ioCC2530.h"
#include "DS18B20.h"
unsigned char ch[10];
unsigned char temh,teml;
unsigned char * getTemStr(void);
/* 传感器数据 */
unsigned char sensor_data_value[2];
/* 小数值查询表 */
unsigned char FRACTION_INDEX[16] = {0, 1, 1, 2, 2, 3, 4, 4, 5, 6, 6, 7, 7, 8, 9, 9 };

void main()
{
    unsigned char i;
    unsigned char * send_buf;
    while(1)
    {
        /* 开始转换 */
        DS18B20_SendConvert();
        /* 延时 1S */
        for(i = 20; i>0; i--)
        delay_nμs(50000);
        /* 获取温度 */
        DS18B20_GetTem();
        /* 得出温度字符串 */
        send_buf = getTemStr();
        asm("NOP");
    }
}
```

延时函数需要做到比较精确的延时时间，CC2530 执行一条语句的时间为 0.3μs，因此延时 1μs 需要执行 3 条语句，Delay_nμs( )延时时间为 1μs。具体如实例 4-18 所示。

【实例 4-18】 Delay_nμs()

```
void delay_nμs(uint16 timeout)
{
    while (timeout--)
    {
        asm("NOP");
        asm("NOP");
        asm("NOP");
    }
}
```

本章总结

小结

- CC2530 的 CPU 采用增强型 8051 内核，增强型的 8051 内核兼容业界标准的 8051 微控制器并使用标准的 8051 指令集。
- 物理存储介质是指实际存在的具体存储器的芯片，比如芯片内部的 RAM、Flash、SFR 寄存器等。
- 存储空间是一个虚拟的空间，是指对存储器编码的范围。所谓编码就是对每一个物理存储单元(比如一个字节)分配一个号码，通常叫做“编址”。编址的目的在于方便找到存储器并完成数据的读写。
- CC2530 有 21 个输入/输出引脚，可以配置为通用 I/O 或外设 I/O 信号。
- 在通用 I/O 端口常用的寄存器有功能寄存器 PxSEL，方向寄存器 PxDIR，配置寄存器 PxINP。
- CC2530 的 CPU 有 18 个中断源，每个中断源都由一系列的 SFR 寄存器进行控制。
- CC2530 的 18 个中断包括无线射频中断、串口发送和接受中断、定时器中断、DMA 中断、看门狗中断、I/O 中断等。
- CC2530 的外设有 ADC、串口 0(USART0)、串口 1(USART1)、定时器 1(TIMER1)、定时器 3(TIMER3)、定时器 4(TIMER4)、32K XOSC 和 DEBUG 接口。
- CC2530 有 4 个振荡器，分别是 16MHz 内部 RC 振荡器、32kHz 内部 RC 振荡器、32MHz 外部晶振和 32kHz 外部晶振。
- CC2530 有 5 种供电模式：主动模式、空闲模式、PM1、PM2 和 PM3。
- CC2530 的 ADC 支持最高 14 位抽取率的模拟数字转换，具有多达 12 位的有效数字位。它包括 1 个模拟多路转换器、多达 8 个独立的可配置通道、1 个参考电压的发生器。

Q&A

问题：在初始化 LED 时，需要将 P0DIR 设置为输出，为什么在点亮 LED 时还需要将相应的引脚设定为高电平？

回答：设置 P0DIR 为输出是因为 CC2530 控制 LED，需要 CC2530 向 LED 输出信号。所以将 P0DIR 设置为输出。点亮 LED 时，将相应的引脚设定为高电平是 CC2530 对 LED 的具体操作，只有 CC2530 的引脚向 LED 输出高电平时才可以点亮 LED。

章节练习

习题

1. 以下是 CC2530 端口 0 方向寄存器的是________。

   A. P0SEL　　B. P1SEL　　C. P0DIR　　D. P0INP

2. CC2530 有________个中断源。

   A. 17　　B. 18　　C. 19　　D. 20

3. CC2530 的外设功能有________、________、________、________、________、________、________和________。

4. CC2530 有 4 个振荡器，分别是________、________、________和________。

5. CC2530 有 5 种供电模式：________、________、________、________和________。

6. 参照表 4-33 设置 P0_5 为外设 I/O。

表 4-33　P0SEL 寄存器

位	名称	复位	R/W	描　述
7	SELP0[7]	0	R/W	P0_7 功能选择 0：通用 I/O 1：外设 I/O
6	SELP0[6]	0	R/W	P0_6 功能选择 0：通用 I/O 1：外设 I/O
5	SELP0[5]	0	R/W	P0_5 功能选择 0：通用 I/O 1：外设 I/O
4	SELP0[4]	0	R/W	P0_4 功能选择 0：通用 I/O 1：外设 I/O
3	SELP0[3]	0	R/W	P0_3 功能选择 0：通用 I/O 1：外设 I/O
2	SELP0[2]	0	R/W	P0_2 功能选择 0：通用 I/O 1：外设 I/O
1	SELP0[1]	0	R/W	P0_1 功能选择 0：通用 I/O 1：外设 I/O
0	SELP0[0]	0	R/W	P0_0 功能选择 0：通用 I/O 1：外设 I/O

7. 参照表 4-34 设置 P0_3 和 P0_4 引脚输出为高电平。

表 4-34 P0DIR 寄存器

位	名称	复位	R/W	描 述
7	DIRP0[7]	0	R/W	P0_7 的 I/O 方向选择 0：输入 1：输出
6	DIRP0[6]	0	R/W	P0_6 的 I/O 方向选择 0：输入 1：输出
5	DIRP0[5]	0	R/W	P0_5 的 I/O 方向选择 0：输入 1：输出
4	DIRP0[4]	0	R/W	P0_4 的 I/O 方向选择 0：输入 1：输出
3	DIRP0[3]	0	R/W	P0_3 的 I/O 方向选择 0：输入 1：输出
2	DIRP0[2]	0	R/W	P0_2 的 I/O 方向选择 0：输入 1：输出
1	DIRP0[1]	0	R/W	P0_1 的 I/O 方向选择 0：输入 1：输出
0	DIRP0[0]	0	R/W	P0_0 的 I/O 方向选择 0：输入 1：输出

8. 参照表 4-35 设置 P0_7 参考电压为内部参考电压，抽取率为 512。

表 4-35 ADCCON2 寄存器

位	名称	复位	R/W	描 述
7～6	SREF[1～0]	00	R/W	选择参考电压用于序列转换 00：内部参考电压 01：AIN7 引脚上的外部参考电压 10：AVDD5 引脚 11：AIN6-AIN7 差分输入外部参考电压
5～4	SDIV	01	R/W	为包含在转换序列内的通道设置抽取率，抽取率也决定完成转换需要的时间和分辨率 00：64 抽取率(7 位有效数字位) 01：128 抽取率(9 位有效数字位) 10：256 抽取率(10 位有效数字位) 11：512 抽取率(12 位有效数字位)

续表

位	名称	复位	R/W	描　述
3～0	SCH	0000	R/W	序列通道选择，选择序列结束，一个序列可以是从AIN0到AIN7（SCH≤7）也可以从差分输入AIN0-AIN1到AIN6-AIN7（8≤SCH≤11）。对于其他设置，只能执行单个转换。 当读取的时候，这些位将代表有转换进行的通道号码。 0000：AIN0 0001：AIN1 0010：AIN2 0011：AIN3 0100：AIN4 0101：AIN1 0110：AIN6 0111：AIN7 1000：AIN0-AIN1 1001：AIN2-AIN3 1010：AIN4-AIN5 1011：AIN6-AIN7 1100：GND 1101：正电压参考 1110：温度传感器 1111：VDD/3

第5章 CC2530进阶开发

任务驱动

基于ZigBee的智能家居环境信息采集系统必须要有传感信息的采集，本章将完成任务——传感信息采集传输。具体任务如下：

CC2530控制DS18B20采集传感信息并通过串口传输。

学习导航／课程定位

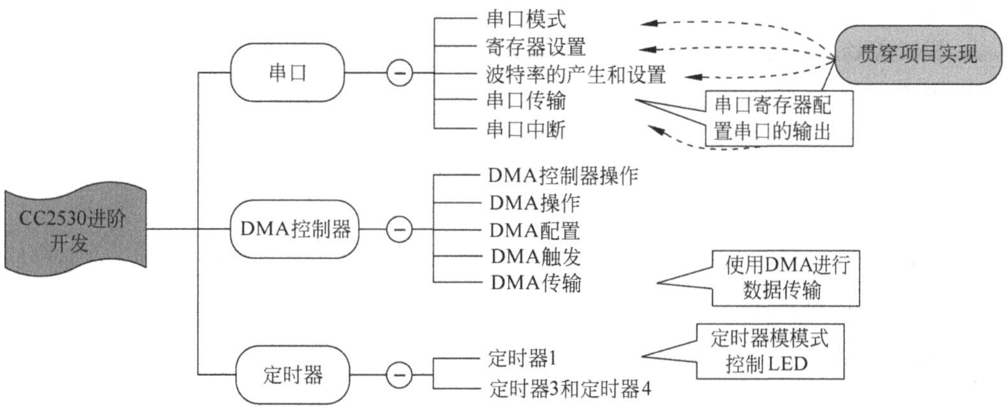

本章目标

知识点	Listen（听）	Know（懂）	Do（做）	Revise（复习）	Master（精通）
串口模式	★				
串口寄存器	★	★			
波特率的设置	★	★	★		
串口中断	★	★	★	★	
DMA 寄存器	★	★	★	★	
DMA 操作和配置	★	★	★	★	★
DMA 触发和传输	★	★	★	★	★
定时器寄存器	★	★	★	★	★
定时器使用	★	★	★	★	★
串口传输	★	★	★	★	★

5.1 串口

串口即串行通信接口，CC2530 有两个串行通信接口：USART0 和 USART1。两个 USART 具有相同的功能，可以通过设置相应的寄存器来决定选用哪一个串口。本节将讲述串口相关的操作和应用，例如串口模式、寄存器设置、串口波特率、串口中断以及串口的应用实例。

5.1.1 串口模式

CC2530 的串口有两种通信模式：UART 模式和 SPI 模式。其中 UART 模式为异步串行通信接口；SPI 为同步串行通信接口。

1. UART 模式

在 UART 模式中，接口使用两线或四线连接，使用全双工传送，接收器中的位同步不影响发送功能。异步串行通信接口 UART 模式操作具有以下特点：

- 8 位或 9 位负载数据；
- 奇校验、偶校验或者无奇偶校验；
- 配置起始位和停止位电平；
- 配置 LSB 或者 MSB 首先传送；
- 独立收发中断；
- 独立收发 DMA 触发；
- 奇偶校验和帧校验出错状态。

串口在 UART 模式下有发送和接收两种模式，数据的发送和接收由相应的寄存器设置，串口寄存器的设置详见 5.1.2 节介绍。

2. SPI 模式

在 SPI 模式中，串口通过 3 线接口或者 4 线接口与外部通信，SPI 接口包含引脚 MOSI、MISO、SCK 和 SSN。同步串行通信接口 SPI 模式具有以下特点：

- 3 线或者 4 线 SPI 接口；
- 具备主模式和从模式；
- 可配置的 SCK 极性和相位；
- 可配置的 LSB 或 MSB 传送。

5.1.2 寄存器设置

串口有 5 个寄存器，分别是串口控制和状态寄存器 UxCSR、串口 UART 控制寄存器 UxUCR、串口接收/传送数据缓存寄存器 UxDBUF 寄存器、串口波特率控制寄存器 UxBAUD 寄存器和串口通用控制 UxGCR 寄存器，其中 x 的取值为 0 或 1。

以下以串口 0 为例来讲解串口寄存器的设置和使用。

串口 0 控制和状态寄存器 U0CSR 的主要功能为：选择串口模式为 SPI 模式或者 UART 模式、负责 UART 接收器的打开和关闭、SPI 模式的选择、UART 帧状态检测、UART 奇偶校验错误状态、串口接收发送字节状态和串口发送和接受的主动状态。其具体设置如表 5-1 所示。

表 5-1 USART 0 控制和状态寄存器 U0CSR

位	名称	复位	R/W	描 述
7	MODE	0	R/W	USART 模式选择 0：SPI 模式 1：UART 模式
6	RE	0	R/W	UART 接收器使能，但是在 UART 完全配置之前不能接收。 0：禁止接收器 1：使能接收器
5	SLAVE	0	R/W	SPI 主或者从模式选择 0：SPI 主模式 1：SPI 从模式
4	FE	0	R/W0	UART 帧错误状态 0：无帧错误检测 1：字节收到不正确停止位级别
3	FRR	0	R/W0	UART 奇偶校验错误状态 0：无奇偶校验检测 1：字节收到奇偶错误
2	RX_BYTE	0	R/W0	接收字节状态，UART 模式和 SPI 模式。当读 U0DBUF 该位自动清零，通过写 0 清除它，这样有效丢弃 U0BUF 中的数据 0：没有收到字节 1：接收字节就绪
1	TX_BYTE	0	R/W0	传送字节状态，UART 和 SPI 从模式 0：字节没有传送 1：写到数据缓存寄存器的最后字节已经传送
0	ACTIVE	0	R	USART 传送/接收主动状态 0：USART 空闲 1：USART 在传送或者接收模式忙碌

- U0CSR 寄存器的第 7 位主要负责串口模式选择，当该位设置为 0 时，选择 SPI 模式；当该位设置为 1 时，选择 UART 模式。
- U0CSR 寄存器的第 6 位主要功能为使能或禁止 UART 模式接收器，当该位设置为 0 时，关闭 UART 接收器；当该位设置为 1 时，打开 UART 接收器。
- U0CSR 寄存器的第 5 位主要负责 SPI 模式的选择，当该位设置为 0 时，选择 SPI 主模式；当此该位设置为 1 时，选择 SPI 从模式。
- U0CSR 寄存器的第 4 位主要负责串口帧错误状态检测，当该位设置为 0 时，没有帧错误检测；当该位设置为 1 时，字节收到不正确停止位级别。
- U0CSR 寄存器的第 3 位主要负责 UART 模式的奇偶错误状态，当该位设置为 0 时，无奇偶错误检验；当该位设置为 1 时，收到奇偶检验错误。

- U0CSR 寄存器的第 2 位主要负责接收字节状态状态，当该位为 0 时，表示没有收到字节；当该位为 1 时，表示准备接收字节完毕。
- U0CSR 寄存器的第 1 位主要负责传送字节状态，当该位设置为 0 时，没有字节被传送；当该位设置为 1 时，写到数据缓存寄存器的最后字节被传送。
- U0CSR 寄存器的第 0 位主要负责串口发送和接收的主动状态，当此位设置为 0 时，串口空闲；当此位设置为 1 时，串口有数据发送或接收。

如果要设置串口 0 选择 UART 模式，其具体设置如示例 5-1 所示。

【示例 5-1】 U0CSR 寄存器配置

```
/* UART 方式 */
U0CSR |= 0x80;
```

串口 0 UART 控制寄存器 U0UCR 的主要功能为：UART 硬件流控制、UART 奇偶校验位设置、选择数据传送位、奇偶校验使能、选择停止位数、选择停止位和起始位电平。其具体设置如表 5-2 所示。

表 5-2 USART 0 UART 控制 U0UCR

位	名称	复位	R/W	描　述
7	FLUSH	0	R/W1	清除单元。当设置时，该事件将会立即停止当前操作并返回单元的空闲状态
6	FLOW	0	R/W	UART 硬件流使能。用 RTS 和 CTS 引脚选择硬件流控制的使用 0：流控制禁止 1：流控制使能
5	D9	0	R/W	UART 奇偶校验位。当使能奇偶校验，写入 D9 的值决定发送的第 9 位的值。如果收到的第 9 位不匹配收到的字节的奇偶校验，接收报告 ERR 0：奇校验 1：偶校验
4	BIT9	0	R/W	UART9 位数据使能。当该位是 1 时，使能奇偶校验位传输即第 9 位。如果通过 PARITY 使能奇偶校验，第 9 位的内容是通过 D9 给出的 0：8 位传输 1：9 位传输
3	PARITY	0	R/W	UART 奇偶校验使能。除了为奇偶校验设置该位用于计算，必须使能 9 位模式 0：禁用奇偶校验 1：使能奇偶校验
2	SPB	0	R/W	UART 停止位数。选择要传送的停止位的位数 0：1 位停止位 1：2 位停止位
1	STOP	0	R/W	UART 停止位的电平必须不同于开始位的电平 0：停止位低电平 1：停止位高电平

续表

位	名称	复位	R/W	描　述
0	START	0	R/W	UART 起始位电平，闲置线的极性采用选择的起始位级别的电平的相反的电平 0：起始位低电平 1：起始位高电平

- U0UCR 寄存器的第 7 位主要负责清除单元。如果设置了此位，事件将会立即停止当前操作并返回单元的空闲状态。
- U0UCR 寄存器的第 6 位主要负责 UART 硬件流使能，当此位设置为 0 时，禁止硬件流控制；当此位设置为 1 时，打开硬件流控制。
- U0UCR 寄存器的第 5 位主要负责 UART 奇偶校验位，当此位设置为 0 时，选择奇校验；当此位设置为 1 时，选择偶校验。
- U0UCR 寄存器的第 4 位主要负责选择停止位数，当此位设置为 0 时，为 8 位传输；当此位设置为 1 时，为 9 位传输。
- U0UCR 寄存器的第 3 位主要负责 UART 奇偶校验使能，当此位设置为 0 时，禁止奇偶校验；当此位设置为 1 时，开启奇偶校验。
- U0UCR 寄存器的第 2 位主要负责选择停止位数，当此位为 0 时，为 1 位停止位；当此位为 1 时，为 2 位停止位。
- U0UCR 寄存器的第 1 位主要负责 UART 停止位电平，当此位设置为 0 时，停止位为低电平；当此位设置为 1 时，停止位为高电平。
- U0UCR 寄存器的第 0 位主要负责 UART 起始位电平，当此位设置为 0 时，起始位为低电平；当此位设置为 1 时，起始位为高电平。

如果要设置串口在 UART 模式下采用偶校验，其具体设置如示例 5-2 所示。

【示例 5-2】 U0UCR 寄存器配置

```
/*UART 方式*/
U0UCR |= 0x08;
```

串口 0 数据接收和发送缓存寄存器 U0BUF 的主要功能是存放串口接收和发送的数据。其具体设置如表 5-3 所示。

表 5-3　USART 0 接收/发送数据缓存寄存器 U0DBUF

位	名称	复位	R/W	描　述
7～0	DATA [7：0]	0x00	R/W	USART 接收和发送数据。当写这个寄存器的时候数据被写到内部的传送数据寄存器，当读取该寄存器的时候，数据来自内部读取的数据寄存器

串口 0 发送的数据是通过写 U0DBUF 来实现的，当有数据要发送时，将数据写入 U0DBUF 寄存器中即可，具体如示例 5-2 所示。

【示例 5-3】 串口发送数据

```
void UartTX_Send_String(char *Data,int len)
{
  int j;
  for(j=0;j<len;j++)
  {
    U0DBUF = *Data++;
    while(UTX0IF == 0);
    UTX0IF = 0;
  }
}
```

波特率由两部分组成,波特率的小数部分和整数部分。其中小数部分由波特率控制寄存器 U0BAUD 来决定,其整数部分由 U0GCR 的第 0～4 位 BAUD_E 来决定,其具体设置如表 5-4 和表 5-5 所示。

表 5-4 USART 0 波特率控制 U0BAUD

位	名称	复位	R/W	描述
7～0	BAUD_M	0x00	R/W	波特率小数部分的值。BAUD_E 和 BAUD_M 决定了 UART 的波特率和 SPI 的主 SCK 时钟频率

表 5-5 USART 0 通用控制 U0GCR

位	名称	复位	R/W	描述
7	CPOL	0	R/W	SPI 的时钟极性 0：SPI 总线空闲时时钟极性为低电平 1：SPI 总线空闲时时钟极性为高电平
6	CPHA	0	R/W	SPI 时钟相位 0：时钟前沿采样,后沿输出 1：时钟后沿采样,前沿输出
5	ORDER	0	R/W	传送位顺序 0：LSB 先传送 1：MSB 先传送
4～0	BAUD_E[4:0]	00000	R/W	波特率指数值。BAUD_E 和 BAUD_M 决定了 UART 的波特率和 SPI 的主 SCK 时钟频率

其波特率的具体产生和设置详见 5.1.3 节内容。

5.1.3 波特率的产生和设置

串口波特率的产生除了相应的寄存器设置,还与系统主时钟的选择有关,其波特率的计算方法如公式(5-1)所示。

$$波特率 = \frac{(256 + \text{BAUD\_M}) \times 2^{\text{BAUD\_E}}}{2^{28}} \times f \tag{5-1}$$

其中 BAUD_M 和 BAUD_E 由寄存器 UxBAUD 和 UxGCR 设置(x 的取值为 0 或 1),f 为主时钟频率。当系统主时钟选择 32MHz 时,BAUD_M 和 BAUD_E 的值详见表 5-6。

表 5-6 波特率的产生

波特率(bps)	UxBAUD. BAUD_M	UxGCR. BAUD_E	误差(%)
2400	59	6	0.14
4800	59	7	0.14
9600	59	8	0.14
14 400	216	8	0.03
19 200	59	9	0.14
28 800	216	9	0.03
38 400	59	10	0.14
57 600	216	10	0.03
76 800	59	11	0.14
115 200	216	11	0.03
230 400	216	12	0.03

例如，当 BAUD_M 取值为 216，BAUD_E 取值为 10 时，f 取值为 32MHz，计算波特率如式(5-2)所示。

$$\text{波特率} = \frac{(256+216)\times 2^{10}}{2^{28}} \times 32 \times 10^{6} \approx 57\,600 \tag{5-2}$$

5.1.4 串口传输

以下实例将实现 CC2530 串口发送数据，要实现 CC2530 串口发送数据首先要对串口进行初始化、然后在主函数中调用初始化函数以及串口发送数据函数。

1. 头文件

头文件需要添加 CC2530 的头文件<ioCC2530.h>，定义 LED1 和 LED2 状态作为串口发送数据的指示灯，并对相关函数进行函数声明。

C 语言的函数在使用之前，需要首先声明。在整个实例的实现过程中需要有延时函数 Delay()、串口初始化函数 initUART()和串口发送函数 UartTX_Send_String()函数的声明。

具体代码如实例 5-1“头文件”所示。

【实例 5-1】 头文件

```
串口 0 发数据
#include <ioCC2530.h>
#define uint unsigned int
#define uchar unsigned char
/*定义控制灯的端口*/
#define LED1 P1_0
#define LED2 P1_1
/*函数声明*/
void Delay(uint);
void initUART(void);
void UartTX_Send_String(char *Data,int len);
```

2. 串口初始化函数

串口初始化需要以下几个步骤：

(1) 系统时钟的初始化；

(2) 选择串口作为I/O外设的引脚连接位置，此实例中是选择备用位置1作为串口外设；

(3) 设置串口模式，本实例选择UART模式，并设置其波特率为57 600bps。

串口初始化的具体代码如实例5-1 InitUART()所示。

【实例 5-1】 InitUART()

```
/******************************************************************
*函数功能 ：初始化串口
*入口参数 ：无
*返 回 值 ：无
******************************************************************/
void initUART(void)
{
    /*晶振选择32MHz*/
    CLKCONCMD &= ~0x40;
    /*等待晶振稳定*/
    while(!(SLEEPSTA & 0x40));
    /*TICHSPD128分频,CLKSPD不分频*/
    CLKCONCMD &= ~0x47;
    /*关闭不用的RC振荡器*/
    SLEEPCMD |= 0x04;
    /*使用串口备用位置1 P0口*/
    PERCFG = 0x00;
    /*P0用作串口*/
    P0SEL = 0x3c;
    /*选择串口0优先作为串口*/
    P2DIR &= ~0XC0;
    /*UART方式*/
    U0CSR |= 0x80;
    /*波特率baud_e的选择*/
    U0GCR |= 10;
    /*波特率设为57600*/
    U0BAUD |= 216;
}
```

3. 串口发送函数

串口发送函数的功能是将需要发送的数据写入到U0DBUF中。具体代码如实例5-1 UartTX_Send_String()所示。

【实例 5-1】 UartTX_Send_String()

```
/******************************************************************
*函数功能 ：串口发送字符串函数
```

```
 * 入口参数 : data:数据
 * len :数据长度
 * 返 回 值 : 无
*************************************************************** /
void UartTX_Send_String(char * Data,int len)
{
  int j;
  for(j = 0;j < len;j++)
  {
    U0DBUF = * Data++;
    while(UTX0IF == 0);
    UTX0IF = 0;
  }
}
```

4. 主函数

主函数完成的工作如下：

(1) 定义需要发送的字符串；

(2) 设置 LED 状态；

(3) 调用串口初始化函数；

(4) 串口发送一次,两个 LED 的状态改变一次。

主函数的具体代码如实例 5-1main()所示。

【实例 5-1】 main()

```
/ ***************************************************************
 * 函数功能 : 主函数
 * 入口参数 : 无
 * 返 回 值 : 无
*************************************************************** /
void main(void)
{
        char Txdata[6] = " QST ";
        / * P1 输出控制 LED * /
        P1DIR = 0x03;
        / * 关 LED1 * /
        LED1 = 0;
        / * 开 LED2 * /
        LED2 = 1;
        / * 串口初始化 * /
        initUARTtest();
        while(1)
       {
           / * 串口发送数据 * /
           UartTX_Send_String(Txdata,4);
            Delay(50000);
            Delay(50000);
            Delay(50000);
```

```
            LED1 = ~LED1;
            LED2 = ~LED2;
        }
    }
```

程序编写完成之后,将程序下载至设备中,运行结果如图 5-1 所示。

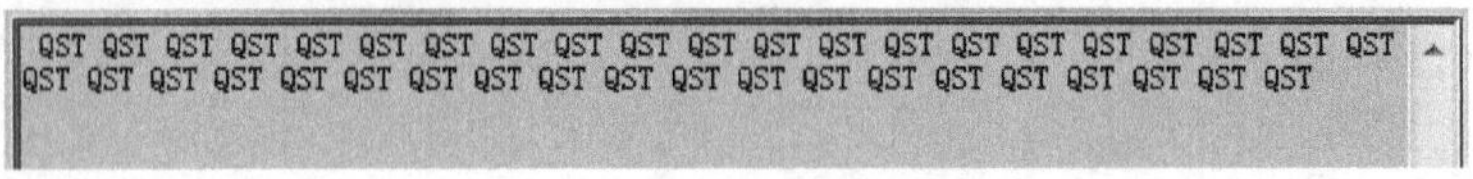

图 5-1　实例 5-1 运行结果

5.1.5　串口中断

以下实例将实现串口接收中断控制 LED 开关,与实例 5-1 不同的是需要添加中断初始化和中断处理函数以及主函数。其中头文件与实例 5-1 相同。在函数声明及变量的定义中,与实例 5-1 不同,具体代码如实例 5-2"变量的声明和定义"所示。

【实例 5-2】　变量的声明和定义

```
/*函数的声明*/
void Delay(uint);
/*串口初始化函数*/
void initUARTtest(void);
/*LED 初始化函数*/
void Init_LED_IO(void);
/*字符型数组,存放要发送的字符*/
uchar Recdata[6] = "00000";
/*字符型变量,发送数据标志*/
uchar RTflag = 1;
uchar temp;
uint  datanumber = 0;
```

串口初始化的步骤和实例 5-1 基本相同,但是在最后需要清除中断标志。具体代码如示例 5-2 InitUART()函数所示。

【实例 5-2】　InitUART()

```
/*********************************************************************
*函数功能 :初始化串口 1
*入口参数 :无
*返 回 值 :无

*********************************************************************/
void initUART (void)
{
    /*晶振*/
    CLKCONCMD &= ~0x40;
    /*等待晶振稳定*/
    while(!(SLEEPSTA & 0x40));
```

```
    /* TICHSPD128 分频,CLKSPD 不分频 */
    CLKCONCMD &= ~0x47;
    /* 关闭不用的 RC 振荡器 */
    SLEEPCMD |= 0x04;
    /* 位置 1 P0 口 */
    PERCFG = 0x00;
    /* P0 用作串口 */
    P0SEL = 0x3c;
    /* UART 方式 */
    U0CSR |= 0x80;
    /* baud_e */
    U0GCR |= 10;
    /* 波特率设为 57600 */
    U0BAUD |= 216;
    /* 串口中断标志位置 1 */
    UTX1IF = 1;
    /* 允许接收 */
    U0CSR |= 0X40;
    /* 开总中断,接收中断 */
    IEN0 |= 0x84;
}
```

LED 初始化函数将 LED1 和 LED2 关闭，具体代码如实例 5-2 Init_LED_IO()函数所示。

【实例 5-2】 Init_LED_IO()

```
void Init_LED_IO(void)
{
    /* P1.0、P1.1 控制 LED */
    P1DIR |= 0x03;
    /* 关 LED1 */
    LED1 = 0;
    /* 关 LED2 */
    LED2 = 0;
}
```

在主函数中，主要解析接收到的数据命令，如果接收到"LED11＃"，打开 LED1；如果接收到"LED10＃"关闭 LED1。如果接收到"LED21＃"，打开 LED2；如果接收到"LED20"，关闭 LED2。

其具体代码详见实例 5-2main()函数。

【实例 5-2】 main()

```
/*********************************************************************
 * 函数功能 : 主函数
 * 入口参数 : 无
 * 返 回 值 : 无
 * 说    明 : 无
 ********************************************************************/
void main(void)
```

```
{
  uchar ii;
  Init_LED_IO();
  initUART();
  while(1)
  {
    /*接收数据*/
    if(RTflag == 1)
    {
      if( temp != 0)
      {
        /*'*'被定义为结束字符*/
        if((temp!= '*')&&(datanumber<6))
        {
          /*最多能接收6个字符 */
          Recdata[datanumber++] = temp;
        }
        else
        {
          /*如果字符接收完毕将进入LED状态改变程序*/
          RTflag = 3;
        }
        /*接收6个字符后进入LED灯控制*/
        if(datanumber == 6)
        {
          RTflag = 3;
          temp  = 0;
        }
      }
    }
    /*LED控制程序*/
    if(RTflag == 3)
    {
      /*判断接收的第一个字符是否为"L"*/
      if(Recdata[0] == 'L')
      {
       /*判断接收的第二个字符是否为"E"*/
        if(Recdata[1] == 'E')
        {
          /*判断接收的第三个字符是否为"D"*/
          if(Recdata[2] == 'D')
          {
           /*判断接收的第4个字符是否为1,如果为1则控制LED1*/
           if(Recdata[3] == '1')
            {
              /*判断接收的第5个字符是否为1,如果为1 LED1打开*/
              if(Recdata[4] == '1')
              {
                LED1 = 1;
              }
```

```
            /*,如果为 0LED1 关闭 */
            else
            {
              LED1 = 0;
            }
          }
        }
      }
    }
    /* LED2 控制程序 */
    /* 判断接收的第 1 个字符是否为"L" */
    if(Recdata[0] == 'L')
    {
      /* 判断接收的第 2 个字符是否为"E" */
      if(Recdata[1] == 'E')
      {
       /* 判断接收的第 3 个字符是否为"D" */
        if(Recdata[2] == 'D')
        {
         /* 判断接收的第 4 个字符是否为"2",如果为 2 则控制 LED2 */
          if(Recdata[3] == '2')
          {
            /* 判断接收的第 5 个字符是否为 1,如果为 1 则打开 LED2 */
            if(Recdata[4] == '1')
            {
              LED2 = 1;
            }
            /* 如果为 0 则关闭 LED2 */
            else
            {
              LED2 = 0;
            }
          }
        }
      }
    }
    RTflag = 1;
    /* 清除接收到的数据 */
    for(ii = 0;ii < 6;ii++)Recdata[ii] = ' ';
    /* 指针归位 */
    datanumber = 0;
  }
 }
}
```

中断处理函数负责在中断产生后,将接收到的数据写入到 temp 数组中,并清中断标志,具体代码如实例 5-2 UART_VECTOR()函数。

【实例 5-2】 UART_VECTOR()

```
/***************************************************************
*函数功能 : 串口接收一个字符
*入口参数 : 无
*返 回 值 : 无
*说    明 : 接收完成后打开接收
***************************************************************/
#pragma vector = URX0_VECTOR
__interrupt void UART0_ISR(void)
{
    /*清中断标志*/
    URX1IF = 0;
    /*将接收到的数据写入到temp中*/
    temp = U0DBUF;
}
```

5.2 DMA 控制器

DMA 为直接存取访问控制器，可以用来减轻 8051 CPU 内核传送数据操作的负担，只需要 CPU 极少的干预，就能实现高效的电源节能管理。

5.2.1 DMA 控制器概述

DMA 控制器协调所有的 DMA 传送，确保 DMA 请求和 CPU 存储器访问之间按照优先等级协调。DMA 控制的主要功能如下：

- DMA 控制器含有若干可编程的 DMA 通道，用来实现存储器之间的数据传送。
- DMA 控制器控制整个 XDATA 存储空间的数据传送。由于大多数 SFR 寄存器映射到 XDATA 存储器空间，DMA 通道的操作能够减轻 CPU 的负担。
- DMA 控制器还可以保持 CPU 在低功耗模式下与外设单元之间传送数据，不需要唤醒，降低整个系统的功耗。

DMA 的主要特点如下：

- 5 个独立的 DMA 通道。
- 3 个可以配置的 DMA 通道优先级。
- 32 个可以配置的传送触发事件。
- 源地址和目标地址的独立控制。
- 单独传送、数据块传送和重复传送模式。
- 支持传输数据的长度域，设置可变传输长度。
- 既可以工作在字模式，又可以工作在字节模式。

5.2.2 DMA 操作

DMA 控制器有 5 个通道，即通道 0～4。每个 DMA 通道都能够从 XDATA 映射空间的一个存储位置传送数据到另一个位置。DMA 控制器在使用之前必须对其进行配置，DMA 操作流程图如图 5-2 所示。

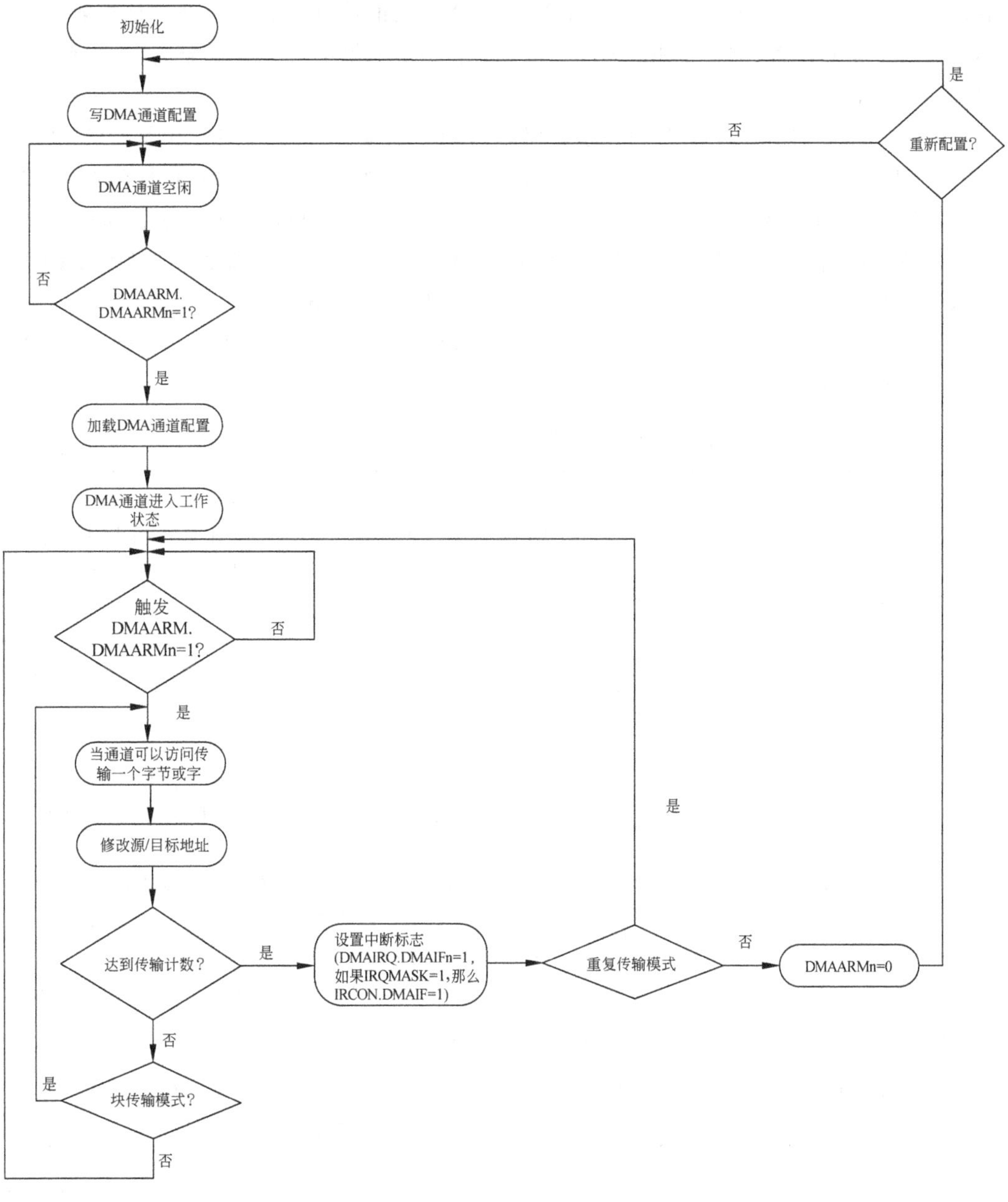

图 5-2 DMA 操作流程图

DMA 操作首先要对 DMA 进行初始化，然后写 DMA 通道配置。写之前首先判断 DMAARM.DMAARMn 寄存器是否为 1，如果不为 1，则重新判断 DMA 通道是否空闲；如果为 1，则加载 DMA 通道配置。DMA 通道进入工作状态之后判断是否触发 DMA，如果 DMA 被触发则配置 DMA 访问配置(以字或字节传输)、修改源地址或目的地址。在传输过程中如果达到传输计数，则设置中断标志。如果没有达到传输计数，则判断是否为块传输模式。如果是块传输模式，则重新配置 DMA 通道访问；如果不是块传输模式，则重新触发 DMA。

如果设置了中断标志，则判断是否为重复传输模式，如果是，则重新触发 DMA 传输；如果没有设置重复传输模式，则设置 DMAARM 寄存器的第 0 位。然后判断是否要重新配置，如果需要重新配置，则需要重新写 DMA 通道配置；如果不需要重新配置，则判断 DMA 通道是否空闲。

在 DMA 操作中涉及 DMA 的控制寄存器，有 DMA 通道工作状态寄存器 DMAARM、DMA 通道开始请求和状态寄存器 DMAREQ、DMA 通道 0 配置地址寄存器高字节 DMA0CFGH 和 DMA 通道 0 配置地址寄存器低字节 DMA0CFGL、DMA 配置通道1～4 的地址寄存器高字节 DMA1CFGH 和 DMA 配置通道 1～4 的地址寄存器低字节 DMA1CFGL、DMA 中断标志寄存器 DMAIRQ。各个寄存器的具体使用如下所述。

DMA 通道工作状态寄存器 DMAARM 负责启动或关闭 DMA 的运行以及选择 DMA 工作状态通道。DMAARM 寄存器如表 5-7 所示。

表 5-7　DMA 通道工作状态寄存器 DMAARM

位	名称	复位	R/W	描　述
7	ABORT	0	R0/W	DMA 停止。此位是用来停止正在进行的 DMA 传输。通过设置相应的 DMAARM 位为 1，写 1 到该位停止所有选择的通道 0：正常运行 1：停止所有选择的通道
6～5	--	00	R/W	保留
4	DMAARM4	0	R/W1	DMA 进入工作状态通道 4 为了任何 DMA 传输能够在该通道上发生，该位必须置 1。对于非重复传输模式，一旦完成传送，该位自动清 0
3	DMAARM3	0	R/W1	DMA 进入工作状态通道 3 为了任何 DMA 传输能够在该通道上发生，该位必须置 1。对于非重复传输模式，一旦完成传送，该位自动清 0
2	DAMARM2	0	R/W1	DMA 进入工作状态通道 2 为了任何 DMA 传输能够在该通道上发生，该位必须置 1。对于非重复传输模式，一旦完成传送，该位自动清 0
1	DMAARM1	0	R/W1	DMA 进入工作状态通道 1 为了任何 DMA 传输能够在该通道上发生，该位必须置 1。对于非重复传输模式，一旦完成传送，该位自动清 0
0	DMAARM0	0	R/W1	DMA 进入工作状态通道 0 为了任何 DMA 传输能够在该通道上发生，该位必须置 1。对于非重复传输模式，一旦完成传送，该位自动清 0

- DMAARM 寄存器的第 7 位负责关闭或启动 DMA 的运行，如果此位设置为 0，DMA 正常运行；如果设置为 1，停止所有选择的运行通道。
- DMAARM 寄存器的第 6～5 位为保留位，暂时不用。
- DMAARM 的第 4～0 位负责设置 DMA 通道 4～0 的工作状态。当 DMA 运行时，此位必须设置为 1，当传送完毕后此位自动清 0。

DMA 通道开始请求和状态寄存器 DMAREQ 负责选择 DMA 的传输通道，当设置为 1 时则激活 DMA 通道，当传输开始时则清除此位。DMAREQ 寄存器如表 5-8 所示。

表 5-8 DMA 通道开始请求和状态 DMAREQ

位	名称	复位	R/W	描 述
7～5	--	000	R0	保留
4	DMAREQ4	0	R/W1 H0	DMA 传输请求，通道 4 当设置为 1 时，激活 DMA 通道(与一个触发事件具有相同的效果)。当 DMA 传输开始清除该位
3	DMAREQ3	0	R/W0 H0	DMA 传输请求，通道 3 当设置为 1 时，激活 DMA 通道(与一个触发事件具有相同的效果)。当 DMA 传输开始清除该位
2	DAMREQ2	0	R/W0 H0	DMA 传输请求，通道 2 当设置为 1 时，激活 DMA 通道(与一个触发事件具有相同的效果)。当 DMA 传输开始清除该位
1	DMAREQ1	0	R/W0 H0	DMA 传输请求，通道 1 当设置为 1 时，激活 DMA 通道(与一个触发事件具有相同的效果)。当 DMA 传输开始清除该位
0	DMAREQ0	0	R/W0 H0	DMA 传输请求，通道 0 当设置为 1 时，激活 DMA 通道(与一个触发事件具有相同的效果)。当 DMA 传输开始清除该位

DMA 通道 0 配置地址寄存器高字节 DMA0CFGH 和寄存器低字节 DMA0CFGL 用来存放 DMA 传输数据的开始地址，DMA0CFGH 和 DMA0CFGL 寄存器如表 5-9 和表 5-10 所示。

表 5-9 DMA 通道 0 配置地址高字节寄存器 DMA0CFGH

位	名称	复位	R/W	描 述
7～0	DMA0CFGH[15:8]	0x00	R/W	DMA 通道 0 配置地址，高位字节

表 5-10 DMA 通道 0 配置地址低字节寄存器 DMA0CFGL

位	名称	复位	R/W	描 述
7～0	DMA0CFGL[7:0]	0x00	R/W	DMA 通道 0 配置地址，低位字节

DMA 通道 1～4 配置地址高字节寄存器 DMAxCFGH 和低字节寄存器 DMAxCFGL (x 表示 1、2、3、4)是用来存放 DMA 传输数据的开始地址，以通道 1 为例，DMA1CFGH 和 DMA1CFGL 寄存器如表 5-11 和表 5-12 所示。

表 5-11 DMA 通道 1 配置地址高字节寄存器 DMA1CFGH

位	名称	复位	R/W	描 述
7～0	DMA1CFGH[15:8]	0x00	R/W	DMA 通道 1～4 配置地址，高位字节

表 5-12 DMA 通道 1 配置地址高字节寄存器 DMA1CFGL

位	名称	复位	R/W	描　述
7～0	DMA1CFGL[7:0]	0x00	R/W	DMA 通道 1～4 配置地址，低位字节

DMA 中断标志寄存器 DMAIRQ 主要功能是判断 DMA 通道中断标志，DMAIRQ 寄存器的第 7～5 位保留暂时不用，第 4～0 位分别用于判断 DMA 通道 4～0 中断标志。DMAIRQ 寄存器如表 5-13 所示。

表 5-13 DMA 中断标志寄存器 DMAIRQ

位	名称	复位	R/W	描　述
7～5	--	000	R/W0	保留
4	DMAIF4	0	R/W0	DMA 通道 4 中断标志 0：DMA 通道传送标志 1：DMA 通道传送完成/中断未决
3	DMAIF3	0	R/W0	DMA 通道 3 中断标志 0：DMA 通道传送标志 1：DMA 通道传送完成/中断未决
2	DAMIF2	0	R/W0	DMA 通道 2 中断标志 0：DMA 通道传送标志 1：DMA 通道传送完成/中断未决
1	DMAIF1	0	R/W0	DMA 通道 1 中断标志 0：DMA 通道传送标志 1：DMA 通道传送完成/中断未决
0	DMAIF0	0	R/W0	DMA 通道 0 中断标志 0：DMA 通道传送标志 1：DMA 通道传送完成/中断未决

5.2.3 DMA 配置

DMA 配置包括 DMA 配置参数和 DMA 配置安装。DMA 配置参数包括源地址、目的地址、传送长度、可变长度(VLEN)设置、优先级别、触发事件、源地址和目标增量、传送模式、字节传送或字传送、中断屏蔽和 M8。

- 源地址：DMA 通道要读的数据的首地址。源地址可以是 XDATA 的任何地址。
- 目标地址：DMA 通道从源地址读出数据写入区域的首地址。用户必须确认该目标地址可写。目标地址可以是 XDATA 的任何地址。
- 传送长度：在 DMA 通道重新进入工作状态或者接触工作状态之前，以及警告 CPU 即将有中断请求到来之前所要传送的长度。
- 可变长度：DMA 通道可以利用源数据中的第一个字节或字(对于字使用[12:0]位)作为传送长度来进行可变长度传输。
- 优先级别：DMA 通道的 DMA 传送的优先级别与 CPU、其他 DMA 通道和访问端口相关，用于判定同时发生的多个内部存储器请求中的哪一个优先级别最高，以及

DMA 存储器存取的优先级别是否超过同时发生的 CPU 存储器存取的优先级别，DMA 优先级别有 3 级：高级、普通级和低级。

- 触发事件：所有 DMA 传输通过 DMA 触发事件产生。这个触发可以启动一个 DMA 块传输或单个 DMA 传输，DMA 通道可以通过设置指定 DMAREQ. DMAREQx 标志来触发。
- 源地址和目标地址增量：源地址和目标地址可以设置为增加或减少，或不改变，有 4 种情况：增量 0、增量 1、增量 2 和增量-1。
- 传送模式：传输模式决定当 DMA 通道开始传输数据时是如何工作的，包括单一模式、块模式、重复的单一模式和重复的块模式。
- 字节传送或字传送：确定每个 DMA 传输是 8 位字或 16 位字。
- 中断屏蔽：在完成 DMA 通道传送时，产生一个中断请求。这个中断屏蔽位控制中断产生是使能还是禁用。
- 模式 8(M8)设置：字节传送时，用来决定是采用 7 位还是 8 位的字长来传送数据。此模式仅用于字节传送模式。

DMA 配置安装包括 DMA 参数的配置和 DMA 地址的配置。其中 DMA 参数的配置是通过向寄存器写入特殊的 DMA 配置数据结构来配置的。DMA 配置数据结构由 8 个字节组成。DMA 配置数据结构如表 5-14 所示。

表 5-14 DMA 配置数据结构

字节偏移量	位	名称	描　述
0	7：0	SRCADDR[15:8]	DMA 通道源地址，高位
1	7：0	SRCADDR[7:0]	DMA 通道源地址，低位
2	7：0	DESTADDR[15:8]	DMA 通道目的地址，高位
3	7：0	DESTADDR[7:0]	DMA 通道目的地址，低位
4	7：5	VLEN[2:0]	可变长度传输模式，在字模式中，第一个字的 12：0 位被认为是传送长度的 000：采用 LEN 作为传送长度 001：传送的字节/字的长度由第一个字节/字＋1 指定的长度(上限由 LEN 指定的最大值)。因此，传输长度不包括字节/字的长度 010：传送通过第一个字节/字指定的字节/字的长度(上限到由 LEN 指定的最大值)。因此传输长度包括字节/字的长度 011：传送通过第一个字节/字指定的字节/字的长度＋2(上限到由 LEN 指定的最大值)。因此，传输长度不包括字节/字的长度 100：传送通过第一个字节/字指定的字节/字的长度＋3(上限到由 LEN 指定的最大值)。因此，传输长度不包括字节/字的长度 101：保留 110：保留 111：使用 LEN 作为传输长度的备用

续表

字节偏移量	位	名称	描　述
4	4:0	LEN[12:8]	DMA通道的传送长度高位 当VLEN从000到111时采用最大允许长度。当处于WORDSIZE模式时,DMA通道以字为单位,否则以字节为单位
5	7:0	LEN[7:0]	DMA通道的传送长度低位 当VLEN从000到111时采用最大允许长度。当处于WORDSIZE模式时,DMA通道数以字为单位,否则以字节为单位
6	6:5	TMOD[1:0]	DMA通道传送模式 00:单个 01:块 10:重复单一 11:重复块
6	4:0	TRIG[4:0]	选择要使用的DMA触发 00000:无触发 00001:前一个DMA通道完成 00010-11110:选择触发源
7	7:6	SRCINC[1:0]	源地址递增模式(每次传送之后): 00:0字节/字 01:1字节/字 10:2字节/字 11:-1字节/字
7	5:4	DESTINC[1:0]	目的地址递增模式(每次传送之后): 00:0字节/字 01:1字节/字 10:2字节/字 11:-1字节/字
7	3	IRQMASK	该通道中断屏蔽 0:禁止中断发生 1:DMA通道完成时使能中断发生
7	2	M8	采用VLEN的第8位模式作为传送单位长度:仅与应用在WORDSIZE=0且VLEN从000到111时 0:采用所有8位作为传送长度 1:采用字节的低7位作为传送长度
7	1:0	PRIORITY[1:0]	DMA通道的优先级别 00:低级CPU优先 01:保证级,DMA至少在每秒一次尝试中优先 10:高级,DMA优先 11:保留

DMA 配置安装一般在 C 语言中设计成结构体，其结构体如示例 5-4 所示。

【示例 5-4】 DMA 配置安装结构体

```
typedef  struct
{
   /*源地址高8位*/
   unsigned char  SRCADDRH;
   /*源地址低8位*/
   unsigned char  SRCADDRL;
   /*目的地址高8位*/
   unsigned char  DESTADDRH;
   /*目的地址低8位*/
   unsigned char  DESTADDRL;
   /*长度域模式选择*/
   unsigned char  VLEN            :3;
   /*传输长度高字节*/
   unsigned char  LENH            :5;
   /*传输长度低字节*/
   unsigned char  LENL            :8;
   /*字节或字传输*/
   unsigned char  WORDSIZE        :1;
   /*传输模式选择*/
   unsigned char  TMODE           :2;
   /*触发事件选择*/
   unsigned char  TRIG            :5;
   /*源地址增量: -1/0/1/2*/
   unsigned char  SRCINC          :2;
   /*目的地址增量: -1/0/1/2*/
   unsigned char  DESTINC         :2;
   /*中断屏蔽*/
   unsigned char  IRQMASK         :1;
   /*7或8bit传输长度,仅在字节传输模式下适用*/
   unsigned char  M8              :1;
   /*优先级*/
   unsigned char  PRIORITY        :2;
} DMA_CFG;
```

5.2.4 DMA 触发

DMA 触发可以通过设置 DMA 的触发源，来判定 DMA 通道会接受哪一个事件的触发。DMA 有 31 个触发源，包括定时器触发、I/O 控制器触发、定时器触发、串口的发送和接收触发、ADC 传输触发等。其触发源如表 5-15 所示。

表 5-15 DMA 触发源

DMA 触发器		功能单元	描 述
号码	名称		
0	NONE	DMA	没有触发器，设置 DMAREQ. DMAREQx 位开始传送
1	PREV	DMA	DMA 通道是通过完成前一个通道来触发的
2	T1_CH0	定时器 1	定时器 1，比较，通道 0
3	T1_CH1	定时器 1	定时器 1，比较，通道 1

续表

DMA 触发器		功能单元	描　　述
号码	名称		
4	T1_CH2	定时器 1	定时器 1,比较,通道 2
5	T2_EVENT1	定时器 2	定时器 2,事件脉冲 1
6	T2_EVENT2	定时器 2	定时器 2,事件脉冲 2
7	T3_CH0	定时器 3	定时器 3,比较,通道 0
8	T3_CH1	定时器 3	定时器 3,比较,通道 1
9	T4_CH0	定时器 4	定时器 4,比较,通道 0
10	T4_CH1	定时器 4	定时器 4,比较,通道 1
11	ST	睡眠定时器	睡眠定时器比较
12	IOC_0	I/O 控制器	端口 I/O 引脚输入转换
13	IOC_1	I/O 控制器	端口 1I/O 引脚输入转换
14	URX0	USART_0	USART 0 接收完成
15	UTX0	USART_0	USART 0 发送完成
16	URX1	USART_1	USART 1 接收完成
17	UTX1	USART_1	USART 1 发送完成
18	Flash	闪存控制器	写闪存数据完成
19	RADIO	无线模块	接收 RF 字节包
20	ADC_CHALL	ADC	ADC 结束一次转换,采样已经准备好
21	ADC_CH11	ADC	ADC 结束通道 0 的一次转换,采样已经准备好
22	ADC_CH21	ADC	ADC 结束通道 1 的一次转换,采样已经准备好
23	ADC_CH32	ADC	ADC 结束通道 2 的一次转换,采样已经准备好
24	ADC_CH42	ADC	ADC 结束通道 3 的一次转换,采样已经准备好
25	ADC_CH53	ADC	ADC 结束通道 4 的一次转换,采样已经准备好
26	ADC_CH63	ADC	ADC 结束通道 5 的一次转换,采样已经准备好
27	ADC_CH74	ADC	ADC 结束通道 6 的一次转换,采样已经准备好
28	ADC_CH84	ADC	ADC 结束通道 7 的一次转换,采样已经准备好
29	ENC_DW	AES	AES 加密处理器请求下载输入数据
30	ENC_UP	AES	AES 加密处理器请求上传输入数据
31	DBG_BW	调试接口	调试接口突发写操作

5.2.5 DMA 传输

本节以下内容将实现通过串口触发 DMA 传输实例,在串口触发 DMA 传输实例中需要做以下工作:DMA 初始化、串口初始化、串口传输、DMA 触发传输。

DMA 初始化:按照 DMA 配置安装结构体的结构对 DMA 进行初始化,首先对其进行源地址配置,将传输的源地址配置为需要传输的字符数组 a[]的地址,传输的目的地址设置为 X_U0DBUF;传输长度采用 LEN 作为传输长度;将数组 a[]的长度的高位设置为 LENH,低位设置为 LENL;选择字节传送;DMA 通道传送模式选用单个传送模式;DMA 触发方式设置为串口触发方式;设置源地址增量为 1,目的地址增量为 0;选择 8 位字节传送,并将 DMA 的优先级设置为高级;最后将 DMA 配置结构体的地址赋予寄存器。具体代码如实例 5-3 DMA 初始化函数 DMA_Init()所示。

【实例 5-3】 DMA_Init()

```
void DMA_Init()
{
    /*配置源地址*/
    dmaConfig.SRCADDRH = (unsigned char)((unsigned int)&a >> 8);
    dmaConfig.SRCADDRL = (unsigned char)((unsigned int)&a );
    /*配置目的地址*/
    dmaConfig.DESTADDRH = (unsigned char)((unsigned int)&X_U0DBUF >> 8);
    dmaConfig.DESTADDRL = (unsigned char)((unsigned int)&X_U0DBUF);
    /*选择 LEN  作为传送长度*/
    dmaConfig.VLEN = 0x00;
    /*设置传输长度*/
    dmaConfig.LENH = (unsigned char)((unsigned int)sizeof(a)>> 8);
    dmaConfig.LENL = (unsigned char)((unsigned int)sizeof(a));
    /*选择字节 byte 传送*/
    dmaConfig.WORDSIZE = 0x00;
    /*选择单个传送模式*/
    dmaConfig.TMODE = 0x00;
    /*串口触发*/
    dmaConfig.TRIG  = 15;
    /*源地址增量为 1*/
    dmaConfig.SRCINC = 0x01;
    /*目的地址增量为 0*/
    dmaConfig.DESTINC = 0x00;
    /*清除 DMA 中断标志*/
    dmaConfig.IRQMASK = 0x00;
    /*选择 8 位长的字节来传送数据*/
    dmaConfig.M8 = 0x00;
    /*传送优先级为高*/
    dmaConfig.PRIORITY = 0x02;
    /*将配置结构体的首地址赋予相关 SFR*/
    DMA0CFGH = (unsigned char)((unsigned int)&dmaConfig >> 8);
    DMA0CFGL = (unsigned char)((unsigned int)&dmaConfig);
    asm("nop");
}
```

在 main 函数中首先调用了 LED 初始化函数、DMA 初始化函数、串口初始化函数，然后进行 DMA 传输配置：选择 DMA 通道 0 进行传输。具体代码如实例 5-3 main()所示。

【实例 5-3】 main()

```
void main( void )
{
  /*LED 初始化*/
  LED_init();
  /*DMA 初始化*/
  DMA_Init();
  /*串口初始化*/
  initUART();
```

```
    while(1)
    {
      /* LED2 和 LED3 状态改变 */
      delay();
      LED2 = ~LED2;
      delay();
      LED3 = ~LED3;
      delay();
      /* 串口传输 string 字符数组 */
      UartTX_Send_String(string,12);
      /* 停止 DMA 所有通道进行传输 */
      DMAARM = 0x80;
      /* 启用 DMA 通道 0 进行传输 */
      DMAARM = 0x01;
      /* 清中断标志 */
      DMAIRQ = 0x00;
      /* DMA 通道 0 传送请求 */
      DMAREQ = 0x01;
      /* 等待 DMA 传送完成 */
      while(!(DMAIRQ&0x01));
    }
}
```

头文件中包含了 CC2530 的头文件，DMA 配置结构体以及函数声明，具体代码如实例 5-3“头文件”所示。

【实例 5-3】 头文件

```
#include "ioCC2530.h"
typedef unsigned char        BYTE;
/* DMA 配置结构体
#pragma bitfields = reversed
typedef struct {
    BYTE SRCADDRH;
    BYTE SRCADDRL;
    BYTE DESTADDRH;
    BYTE DESTADDRL;
    BYTE VLEN          : 3;
    BYTE LENH          : 5;
    BYTE LENL          : 8;
    BYTE WORDSIZE      : 1;
    BYTE TMODE         : 2;
    BYTE TRIG          : 5;
    BYTE SRCINC        : 2;
    BYTE DESTINC       : 2;
    BYTE IRQMASK       : 1;
    BYTE M8            : 1;
    BYTE PRIORITY      : 2;
} DMA_DESC;
#pragma bitfields = default
```

```
DMA_DESC dmaConfig;
/ * DMA 串口 * /
#define DMATRIG_UTX0            15
/ * DMA 配置源地址 * /
unsigned char a[4] = "QST";
/ * 串口传输字符数组 * /
unsigned char string[] = "\nDMA USART :";
/ * 函数声明 * /
void delay();
void UartTX_Send_String(unsigned char * Data, int len);
void DMA_Init();    //DMA 初始化
```

由于 LED 初始化函数和串口初始化函数在前面已经介绍过，在此实例中不再赘述，将程序下载至 CC2530 单片机中，并连接串口调试助手，可以观察 DMA 串口传送数据，如图 5-3 所示。

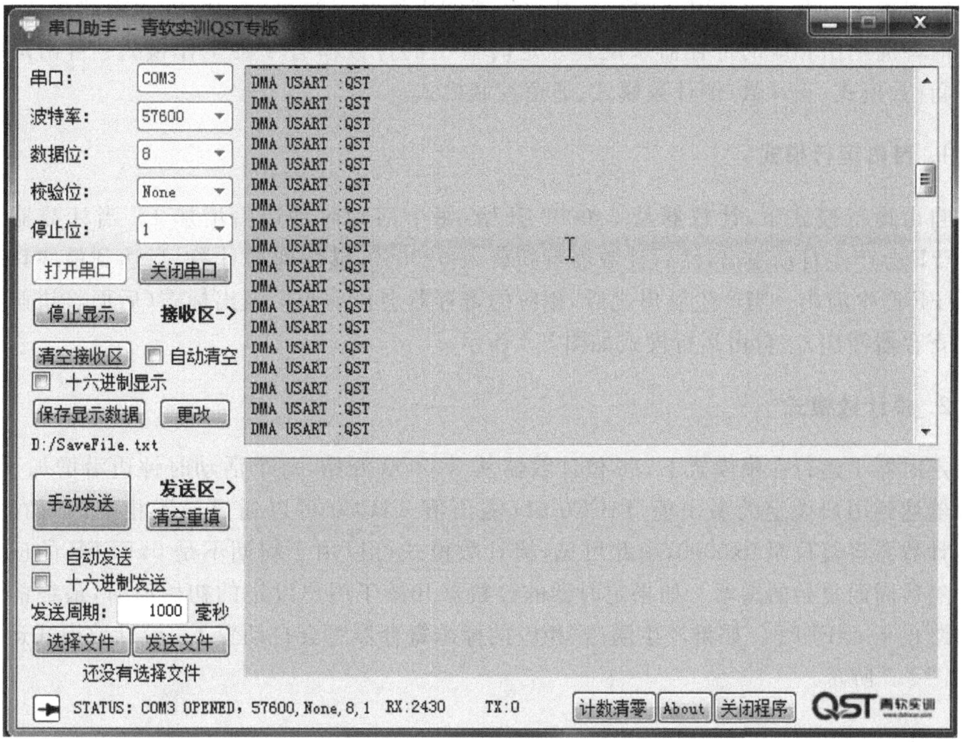

图 5-3　DMA 串口触发

5.3 定时器

CC2530 有 5 个定时器、一个 16 位定时器(定时器 1)、两个 8 位定时器(定时器 3 和定时器 4)、一个用于休眠的定时器(睡眠定时器)和一个 MAC 定时器。本节将讲解 CC2530 定时器的使用。

5.3.1 定时器 1

定时器 1 是一个独立的 16 位定时器，支持定时和计数功能，有输入捕获、输出比较和 PWM 的功能。定时器 1 有 5 个独立的输出捕获和输入比较通道。每个通道使用一个 I/O 引脚。定时器 1 的主要功能如下：

- 5 个独立的捕获、比较通道；
- 上升沿、下降沿或任何边沿的输入捕获；
- 设置、清除或切换输出比较；
- 3 种运行模式：自由运行、模计数模式和正/倒计数操作模式；
- 可被 1、8、32 或 128 整除的时钟分频器；
- 在捕获/比较和最终计数上生成中断请求；
- 具有 DMA 触发功能。

定时器 1 带有一个 16 位计数器，其计数器的工作是在每个活动时钟边沿递增或递减。活动时钟周期由相应的寄存器来配置。定时器 1 的计数器有 4 种工作模式：自由运行模式、模计数模式、正计数/倒计数模式、通道控制模式。

1. 自由运行模式

自由运行模式下，计数器从 0x0000 开始，每个活动时钟边沿增加 1。当计数器达到 0xFFFF 会产生自动溢出，然后计数器重新载入 0x0000，继续递增计数，当达到最终计数值 0xFFFF 产生溢出。当产生溢出之后，相应的寄存器会自动产生溢出标志(后面将讲解定时器的寄存器使用)。自由运行模式如图 5-4 所示。

2. 模计数模式

定时器 1 运行在模模式下，16 位计数器从 0x0000 开始，每个活动时钟边沿增加 1。当计数器达到用户设定的溢出值 T1CC0 时(溢出值 T1CC0 可以通过设置相应的寄存器获得)，计数器将复位至 0x0000，由此可见，模计数模式可以用于周期不是 0xFFFF 的应用程序。然后周而复始的递增。如果定时器的计数器开始于用户设定的初始值时，最终的计数值将终止于 0xFFFF。如果产生溢出，相应的标志寄存器将会自动置 1。模计数模式运行过程如图 5-5 所示。

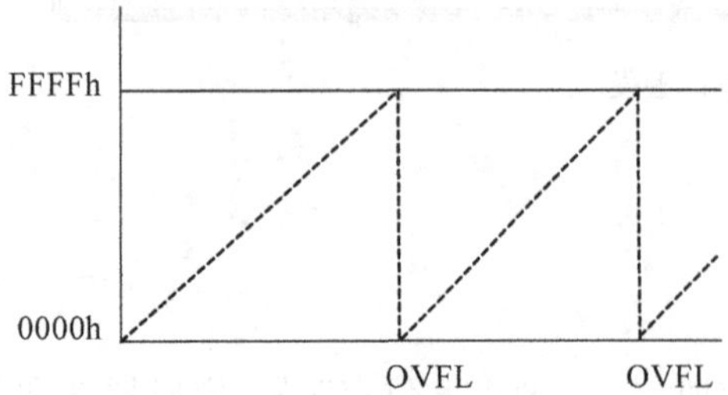

图 5-4 自由运行模式

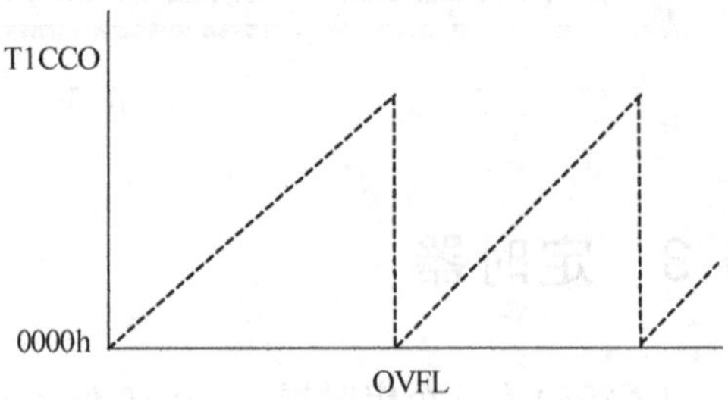

图 5-5 模模式

3. 正计数/倒计数模式

在正计数/倒计数模式下，计数器从 0x0000 开始，正计数直到达到设定值 T1CC0H：T1CC0L，计数器将倒计数至 0x0000。在此模式下计数器用于周期必须是对称输出脉冲而不是 0xFFFF 的应用程序，因此，在此模式下可以实现中心对称的 PWM 信号输出。在正计数/倒计数模式下如果设置了中断使能，当计数达到一定值时会产生中断。正计数/倒计数模式运行过程如图 5-6 所示。

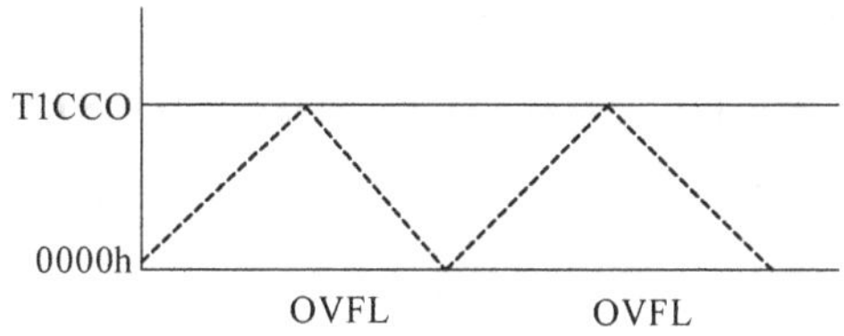

图 5-6 正计数/倒计数模式

4. 通道控制模式

通道模式控制由控制和状态寄存器 T1CCTL*n* 设置，包括输入捕获模式和输出比较模式。

- 输入捕获模式：当一个通道配置为输入捕获通道时，和该通道相关的 I/O 引脚配置为外设模式，并且通过寄存器配置为输入模式。在启动定时器之后，输入引脚的上升沿或下降沿或任何边沿都将触发一个捕获，将 16 位计数器的内容捕获至相关的寄存器中。
- 输出比较模式：在输出比较模式下，与通道相关的 I/O 引脚通过寄存器设置为输出模式。在定时器启动之后，将比较"计数器"和"通道比较寄存器"的内容。如果计数器和通道比较寄存器的数值相同，输出引脚将根据比较输出模式寄存器的设置进行相应的动作。

5. 定时器 1 寄存器

定时器 1 除了有独特的运行模式之外还可以产生定时器中断和定时器 DMA 触发。

- 定时器的中断由计数器、输入捕获事件和输出比较事件触发。当设置了中断寄存器时，就会产生一个中断。
- 定时器 1 的 DMA 触发方式有 3 种，即通道 0 比较、通道 1 比较和通道 2 比较触发，其中通道 3 比较和通道 4 比较不能触发 DMA。DMA 触发是通过定时器 1 相应的寄存器来设置的。

以下内容将讲解定时器的寄存器，定时器 1 有 7 个寄存器：定时器 1 计数高位寄存器 T1CNTH 和定时器 1 计数低位寄存器 T1CNTL、定时器 1 控制寄存器 T1CTL、定时器 1 状态寄存器 T1STAT、定时器 1 通道 *n* 捕获/比较控制寄存器 T1CCTL*n*、定时器 1 通道 *n* 捕获/比较高位寄存器 T1CC*n*H、定时器 1 通道 *n* 捕获/比较低位寄存器 T1CC*n*L(其中 *n* 的取值为 0、1、2、3、4)。

定时器1计数高位寄存器T1CNTH主要负责定时器1计数器的高8位，在读取数值时经常和定时器1计数低位寄存器T1CNTL一起使用，才能读出16位数值。T1CNTH寄存器和T1CNTL寄存器如表5-16和表5-17所示。

表5-16 定时器1计数高位寄存器T1CNTH

位	名称	复位	R/W	描述
7～0	CNT[15～8]	0x00	R	定时器计数器高位。包含在读取T1CNTL的时候缓存的16位计数器值的高8位

表5-17 定时器1计数低位寄存器T1CNTL

位	名称	复位	R/W	描述
7～0	CNT[7～0]	0x00	R/W	定时器计数器低字节。包括16位定时器计数器低字节。往该寄存器中写任何值，导致计数器被清零，初始化所有向通道的输出引脚

定时器1控制寄存器T1CTL主要功能是选择定时器1的工作模式和分频器频率划分，T1CTL寄存器具体设置如表5-18所示。

表5-18 定时器1控制寄存器T1CTL

位	名称	复位	R/W	描述
7～4	--	00000	R0	保留
3～2	DIV[1～0]		R/W	分频器划分值。产生主动的时钟边缘用来更新计数器，如下： 00：标记频率/1 01：标记频率/8 10：标记频率/32 11：标记频率/128
1～0	MODE[1～0]		R/W	选择定时器1模式。定时器操作模式通过下列方式选择： 00：暂停运行 01：自由运行，从0x0000到0xFFFF反复计数 10：模，从0x0000到T1CC0反复计数 11：正计数/倒计数，从0x0000到T1CC0反复计数且从T1CC0倒计数到0x0000

T1CTL寄存器的第3位和第2位负责分频器划分，分频从1分频至128分频；第1位和第0位为定时器1功能模式选择位MODE[1～0]，当MODE[1～0]设置为00时，为暂停运行定时器1模式；设置为01时，为自由运行模式；设置为10时，运行模式为模计数模式；当设置为11时，运行模式为正计数/倒计数模式。如果需要配置定时器1为自由运行模式，那么详细配置如示例5-5所示。

【示例 5-5】 定时器 1 自由运行模式

```
T1CTL = 0x01;
```

定时器 1 状态寄存器 T1STAT 只负责定时器 1 中断标志，包括定时器 1 计数器溢出中断标志和定时器 1 通道 0～4 的中断标志。T1STAT 寄存器如表 5-19 所示。

表 5-19 定时器 1 状态寄存器 T1STAT

位	名称	复位	R/W	描 述
7～6	--	00	R0	保留
5	OVFIF	0	R/W0	定时器 1 计数器溢出中断标志。当计数器在自由运行或模模式下达到最终计数值时置 1，当在正/倒计数模式下达到零时开始倒计数。写 1 没有影响
4	CH4IF	0	R/W0	定时器 1 通道 4 中断标志。当通道 4 中断条件发生时置位。写 1 没有影响
3	CH3IF	0	R/W0	定时器 1 通道 3 中断标志。当通道 3 中断条件发生时设置。写 1 没有影响
2	CH2IF	0	R/W0	定时器 1 通道 2 中断标志。当通道 2 中断条件发生时设置。写 1 没有影响
1	CH1IF	0	R/W0	定时器 1 通道 1 中断标志。当通道 1 中断条件发生时设置。写 1 没有影响
0	CH0IF	0	R/W0	定时器 1 通道 0 中断标志。当通道 0 中断条件发生时设置。写 1 没有影响

- T1STAT 寄存器的第 5 位负责定时器 1 计数器溢出中断标志，当发生定时器 1 计数器溢出中断之后，此位自动设置为 1。
- T1STAT 寄存器的第 4 位负责定时器 1 通道 4 中断标志，当发生定时器 1 通道 4 中断发生之后，此位自动设置为 1。
- T1STAT 寄存器的第 3 位负责定时器 1 通道 3 中断标志，当发生定时器 1 通道 3 中断发生之后，此位自动设置为 1。
- T1STAT 寄存器的第 2 位负责定时器 1 通道 2 中断标志，当发生定时器 1 通道 2 中断发生之后，此位自动设置为 1。
- T1STAT 寄存器的第 1 位负责定时器 1 通道 1 中断标志，当发生定时器 1 通道 1 中断发生之后，此位自动设置为 1。
- T1STAT 寄存器的第 0 位负责定时器 1 通道 0 中断标志，当发生定时器 1 通道 0 中断发生之后，此位自动设置为 1。

T1CCTL*n*(其中 *n* 的取值为 0,1,2,3,4)主要负责定时器 1 通道 0～4 的中断设置和比较/捕获模式设置。

下面以 T1CCTL1 为例来讲解 T1CCTL*n* 寄存器的使用。T1CCTL1 寄存器的具体设置如表 5-20 所示。

表 5-20　定时器 1 通道 0 捕获/比较控制寄存器 T1CCTL1

位	名称	复位	R/W	描　述
7	RFIRQ	0	R/W	当设置为 1 时，使用 RF 中断捕获，而非常规的捕获输入
6	IM	1	R/W	通道 1 中断屏蔽设置，当设置为 1 时中断请求产生
5～3	CMP	000	R/W	通道 1 比较模式选择，当定时器值等于在 T1CC1 的比较值时选择输出操作 000：在比较设置输出 001：在比较清除输出 010：在比较切换输出 011：在向上比较设置输出，在 0 清除 100：在向上比较清除输出，在 0 清除 101：当等于 T1CC0 时清除，当等于 T1CC1 时设置 110：当等于 T1CC0 时设置，当等于 T1CC1 时清除 111：初始化输出引脚
2	MODE	0	R/W	定时器 1 通道 1 捕获/比较模式选择 0：捕获模式 1：比较模式
1～0	CAP	00	R/W	通道 1 捕获模式选择 00：未捕获 01：上升沿捕获 10：下降沿捕获 11：所有沿捕获

- T1CCTL1 的第 7 位为 RF 中断捕获设置，当设置为 1 时开启 RF 中断捕获，当设置为 0 时禁止 RF 中断捕获。
- T1CCTL1 的第 6 位为通道 1 中断设置，当设置为 1 时开启定时器 1 通道 1 中断请求，当设置为 0 时，禁止中断请求。
- T1CCTL1 的第 5～3 位为定时器 1 的通道 1 比较模式选择，当定时器值等于寄存器 T1CC1 设置的比较值时，选择以哪种方式输出。当设置为 000 时，在设置为比较状态中输出；当设置为 001 时，在设置为比较清除状态时输出；当设置为 010 时，在设置为比较切换状态时输出。当设置为 011 时，在设置为向上比较状态时输出；当设置为 100 时，在设置为向上比较清楚状态下输出；在设置为 101 时，在等于 T1CC0 中的值时清除，在等于 T1CC1 时设置；在设置为 110 时，在等于 T1CC0 时设置，在等于 T1CC1 时清除；当设置为 111 时，主要功能是初始化输出引脚。
- T1CCTL1 的第 2 位设置定时器 1 的通道 1 的捕获和比较模式，当设置为 0 时，为捕获模式；当设置为 1 时为比较模式。
- T1CCTL1 的第 1～0 位设置定时器 1 通道 1 的捕获模式。当设置为 00 时，未设置捕获模式；当设置为 01 时为上升沿触发捕获；当设置为 10 时为下降沿触发捕获；当设置为 11 时，所有沿都可以触发捕获。

定时器 1 通道 n 捕获/比较高位寄存器 T1CCnH 和捕获/比较低位寄存器 T1CCnL 主要功能是存储捕获/比较值。以定时器 1 的通道 1 的 T1CC1H 和 T1CCH1L 为例，寄存器 T1CC1H 是用来存放通道 1 捕获/比较值的高 8 位；寄存器 T1CC1L 是用来存放通道 1 捕获比较值的低 8 位。寄存器 T1CC1H 和 T1CC1L 如表 5-21 和表 5-22 所示。

表 5-21 定时器 1 通道 1 捕获/比较高位寄存器 T1CC1H

位	名称	复位	R/W	描　述
7～0	T1CC1[15～8]	0x00	R/W	定时器 1 通道 1 捕获/比较值,高位字节。当 T1CCTL0.MODE=1(比较模式)时,寄存器写会更新 T1CC1[15:0]的值导致比较延迟,直至 T1CNT=0x0000

表 5-22 定时器 1 通道 1 捕获/比较低位寄存器 T1CC1L

位	名称	复位	R/W	描　述
7～0	T1CC1[7～0]	0x00	R/W	定时器 1 通道 1 捕获/比较值,低位字节。写到该寄存器的数据被存储在一个缓存中,不写入 T1CC1[7～0],之后与 T1CC1H 一起写入生效

以下实例将讲解定时器 1 在模计数模式的工作方式。定时器 1 在模计数模式下工作,首先要设置比较值,当计数器达到设定的比较值时就会产生中断。具体实现如实例 5-4 所示。

头文件包含了 CC2530 的头文件,定时器 1 模计数模式初始化函数声明,以及 LED 的引脚连接方式,具体代码如实例 5-4"头文件"所示。

【实例 5-4】 头文件

```
#include <ioCC2530.h>
#define uint8   unsigned char
#define uint16 unsigned int
#define LED1 P1_0
/* 定时器 1 模模式初始化函数声明 */
void initial(void);
```

初始化函数首先设置 LED1 为关闭状态,然后设置时钟运行方式、最后设置定时器 1 模计数模式运行方式。定时器 1 模计数模式的设置方式如下:

- 设置定时器 1 为 128 分频;
- 设置 T1CC0L 载入定时器 1 的初值;
- 设置捕获/比较通道为比较模式,用于触发中断;
- 打开定时器中断与总中断。

具体代码详见实例 5-4 initial()函数。

【实例 5-4】 initial()

```
void initial(void)
{
  /* 设置 P1.0 为输出模式 */
  P1DIR |= 0x01;
  /* 关闭 LED1 */
  LED1 = 1;
  /* 选择外部石英晶振 */
  CLKCONCMD &= ~0x40;
  /* 等待晶振稳定 */
```

```
    while(!(SLEEPSTA & 0x40));
    /* TICHSPD 二分频,CLKSPD 不分频 */
    CLKCONCMD &= ~0x47;
    /* 关闭 RC 振荡器 */
    SLEEPCMD |= 0x04;
    /* 设置定时器 T1,128 分频,模计数模式,从 0 计数到 T1CC0 */
    T1CTL |= 0x0E;
    /* 装入定时器初值(比较值) */
    T1CC0L = 62500 % 256;
    T1CC0H = 62500/256;
    /* 设置捕获比较通道 0 为比较模式,用以触发中断 */
    T1CCTL0 |^ = 0x04;
    /* 使能 Timer1 中断 */
    T1IE = 1;
    /* 开启总中断 */
    EA = 1;
}
```

主函数中在调用定时器 1 模计数模式的初始化函数之后,接下来的工作只需要等待中断的发生即可。具体代码见实例 5-4 main()函数。

【实例 5-4】 main()

```
void main(void)
{
    initial();
    while(1)
    {

    }
}
```

当中断发生时改变 LED1 的状态,具体代码如实例 5-4 T1_ISR()所示。

【实例 5-4】 T1_ISR()

```
#pragma vector = T1_VECTOR
__interrupt void T1_ISR(void)
{
    LED1 = !LED1;
}
```

5.3.2 定时器 3 和定时器 4

定时器 3 和定时器 4 是两个 8 位定时器,每个定时器有两个独立的比较通道,每个通道上使用一个 I/O 引脚。其定时器 3 和定时器 4 的主要特点如下:

- 每个定时器有两个捕获/比较通道;
- 具有设置、清除或切换输出比较的功能;
- 可以设置时钟分频器,可以被 1、2、4、8、32、64、128 整除;
- 在每次捕获/比较和最终计数事件发生时可以产生中断请求;
- 具有 DMA 触发功能。

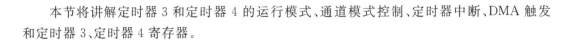

本节将讲解定时器 3 和定时器 4 的运行模式、通道模式控制、定时器中断、DMA 触发和定时器 3、定时器 4 寄存器。

1. 运行模式

定时器 3 与定时器 4 分别具有一个 8 位的计数器，提供定时、计数功能，定时器 3 和定时器 4 所有的定时功能都是通过该计数器来实现的。计数器有 4 种运行模式：自由运行模式、倒计数模式、模计数模式和正/倒计数模式。

- 自由运行模式：在自由运行模式下，定时器的计数器从 0x00 开始，在每个时钟活动的边沿递增，当计数器达到 0xFF，计数器将重新载入 0x00。如果设置了中断，当达到最终计数值 0xFF 时，将会产生一个中断请求。
- 倒计数模式：在倒计数模式下，定时器启动之后，计数器载入预先设置好的数值，通过计数器倒计时，当达到 0x00 时，会产生一个中断标志。如果设置了中断，就会产生一个中断申请。
- 模计数模式：当定时器运行在模计数模式时，8 位计数器在 0x00 启动，每个活动时钟边沿递增。当计数器达到相应寄存器所设置的最终计数值时，计数器复位至 0x00，并继续递增。如果设置了中断，还会产生一个中断请求。模计数模式还可以用于周期不是 0xFF 的应用程序。
- 正/倒计数模式：在正/倒计数定时器模式下，计数器从 0x00 开始正计数，直到达到设置的数值，然后自动启用倒计数，直到达到 0x00。

2. 定时器通道模式控制

对于定时器 3 和定时器 4 的通道 0 和通道 1，每个通道的模式是由控制和状态寄存器来控制的，设置模式包括输入捕获模式和输出比较模式。

1）输入捕获模式

当通道配置为输入捕获通道，通道相关的 I/O 引脚配置为一个输入。定时器启动之后，输入引脚上的一个上升沿、下降沿或任何边沿都会触发一个捕获，即捕获 8 位计数器内容到相关的捕获寄存器中，因此定时器能够捕获一个外部事件发生的时间。通道输入引脚与内部系统时钟是同步的。因此输入引脚上的脉冲的最小持续时间必须大于系统时钟周期。当发生一个捕获且设置了相应的中断，输入捕获产生时，就会产生一个中断请求。

2）输出比较模式

在输出比较模式下，与该通道相关的 I/O 引脚必须设置为输出。定时器启动之后，将对比计数器的内容和通道比较寄存器的内容。如果计数器的内容等于比较寄存器的内容，根据比较输出模式的设置，输出引脚将被设置。

3. 定时器中断

定时器 3 和定时器 4 各有一个中断向量，当中断事件发生时，将产生一个中断请求，中断事件由以下几种触发方式。

- 计数器达到最终计数值；
- 比较事件；

- 捕获事件。

4. DMA 触发

定时器 3 和定时器 4 有两个相关的 DMA 触发，DMA 触发是通过定时器通道的捕获/比较事件来触发的。定时器 3 和定时器 4 的 DMA 触发事件有以下几种：

- 定时器 3 通道 0 捕获/比较触发；
- 定时器 3 通道 1 捕获/比较触发；
- 定时器 4 通道 0 捕获/比较触发；
- 定时器 4 通道 1 捕获/比较触发。

5. 定时器 3 和定时器 4 控制寄存器

定时器 3 和定时器 4 相关寄存器有计数器、定时器控制寄存器、定时器通道捕获/比较控制寄存器、定时器通道捕获比较值寄存器。以上寄存器，定时器 3 和定时器 4 基本相同。

以下内容以定时器 3 寄存器为例来讲解定时器 3 和定时器 4 寄存器的使用。定时器 3 计数器的主要功能是计数，此寄存器存放 8 位计数器的当前值。定时器 3 计数器 T3CNT 如表 5-23 所示。

表 5-23　定时器 3 计数器 T3CNT

位	名称	复位	R/W	描　述
7～0	CNT[7～0]	0x00	R/W	定时器计数字节，包含 8 位计数器当前值

定时器 3 控制寄存器 T3CTL 主要负责对定时器 3 的分频器的划分、停止/运行、中断设置、计数器清除和选择定时器 3 的功能模式。定时器 3 寄存器 T3CTL 具体设置如表 5-24 所示。

表 5-24　定时器 3 控制寄存器 T3CTL

位	名称	复位	R/W	描　述
7～5	DIV[2～0]	000	R/W	分频器划分值。产生有效时钟沿用于来自 CLKCON.TICKSPD 的定时器时钟，如下： 000：标记频率/1 001：标记频率/2 010：标记频率 4 011：标记频率/8 100：标记频率/16 101：标记频率/32 110：标记频率/64 111：标记频率/128
4	START	0	R/W	启动定时器。正常运行时设置，暂停时清除
3	OVFIM	1	R/W0	溢出中断屏蔽 0：中断禁止 1：中断使能
2	CLR	0	R0/W1	清除计数器。写 1 到 CLR 复位计数器到 0x00，并初始化相关通道所有的输出引脚。总是读作 0

续表

位	名称	复位	R/W	描　述
1～0	MODE［1～0］	00	R/W	选择定时器3模式。定时器操作模式通过下列方式选择： 00：自由运行，从0x00到0xFF反复计数 01：倒计数，从T3CC0到0x00计数 10：模计数，从0x0000到T1CC0反复计数 11：正计数/倒计数，从0x00到T3CC0反复计数且从T1CC0倒计数到0x00

- T3CTL寄存器的第7～5位负责定时器3分频器的划分，标记率在1～128分频之间。当设置为000时，分频值为1；当设置为001时，分频值为2；当设置为010时，分频值为4；当设置为011时，分频值为8；当设置为100时，分频值为16；当设置为101时，分频值为32；当设置为110时，分频值为64；当设置为111时，分频值为128；
- T3CTL寄存器的第4位负责启动定时器。当设置为1时，正常运行寄存器；当设置为0时，暂停运行寄存器。
- T3CTL的第3位主要负责中断设置。当该位设置为1时，中断使能；当该位设置为0时，中断禁止。
- T3CTL的第2位主要功能是清除计数器，当该位设置为1时，复位寄存器到0x00。
- T3CTL寄存器的第1～0位负责设置定时器3的运行模式。当设置为00时为自由运行模式；当设置为01时为倒计数运行模式；当设置为10时，为模计数模式；当设置为11时，为正计数/倒计数模式。

定时器3通道捕获/比较控制寄存器T3CCTL*n*(其中*n*的取值为0或1)，主要负责通道的中断设置、通道比较输出模式选择、通道模式选择和捕获模式选择。

以下内容以定时器3通道0捕获/比较控制寄存器T3CCTL0为例来讲解T3CCTL0寄存器的使用。定时器3通道0捕获/比较控制寄存器T3CCTL0具体设置如表5-25所示。

表5-25　定时器3通道0捕获/比较控制寄存器T3CCTL0

位	名称	复位	R/W	描　述
7	--	0	R0	未使用
6	IM	1	R/W	通道中断屏蔽 0：中断禁止 1：中断使能
5～3	CMP[2:0]	000	R/W	通道比较输出模式选择。当时钟值与T3CC0中的比较值相等时输出特定的操作 000：当时钟值与T3CC0中的比较值相等时设置输出 001：当时钟值与T3CC0中的比较值相等时清除输出 010：当时钟值与T3CC0中的比较值相等时切换输出 011：在比较正计数时设置输出，当定时器值为0时清除 100：在比较正计数时清除输出，当定时器值为0时设置 101：当时钟值与T3CC0中的比较值相等时设置输出，当T3CC0为0xFF时清除 110：当T3CC0为0x00时设置输出模式，当时钟值与T3CC0中的比较值相等时清除输出 111：初始化输出引脚。CMP[2:0]不变

续表

位	名称	复位	R/W	描　述
2	MODE	0	R/W	通道模式，选择定时器 3 通道 0 捕获或者比较模式 0：捕获模式 1：比较模式
1～0	CAP	00	R/W	捕获模式选择 00：无捕获 01：在上升沿捕获 10：在下降沿捕获 11：在两个边沿都捕获

- T3CCTL0 寄存器的第 6 位负责通道中断设置。当该位设置为 0 时，禁止通道中断发生；当该位设置为 1 时，允许通道中断发生。
- T3CCTL0 寄存器的第 5～3 位负责选择通道比较输出模式。
- T3CCTL0 寄存器的第 2 位负责捕获/比较模式选择，当设置为 0 时为捕获模式；当设置为 1 时为比较模式。
- T3CCTL0 寄存器的第 1～0 位负责选择捕获模式。当设置为 00 时，没有捕获发生；当设置为 01 时，在上升沿捕获；当设置为 10 时，在下降沿捕获；当设置为 11 时，在任何边沿都可以捕获。

定时器 3 通道捕获/比较值寄存器 T3CC*n*(其中 *n* 的取值为 0 或 1)主要功能是设置定时器捕获/比较数值，以通道 0 为例，定时器 3 通道捕获/比较值寄存器 T3CC0 的具体设置如表 5-26 所示。

表 5-26　定时器 3 通道 0 捕获/比较值寄存器 T3CC0

位	名称	复位	R/W	描　述
7～0	VAL[7～0]	0	R/W	定时器捕获比较通道 0 值。当 T3CCTL0. MODE＝1(比较模式)时写该寄存器会导致 T3CC0. VAL[7:0]更新写入值延迟到 T3CNT. CNT[7:0]＝0x00

定时器中断标志寄存器 TIMIF 负责判断定时器 1、定时器 3 和定时器 4 的中断标志，具体设置如表 5-27 所示。

表 5-27　定时器 1/3/4 中断标志寄存器 TIMIF

位	名称	复位	R/W	描　述
7	--	0	R0	保留
6	T1OVFIM	1	R/W	定时器 1 溢出中断屏蔽
5	T4CH1IF	0	R/W0	定时器 4 通道 1 中断标志 0：无中断发生 1：发生中断
4	T4CH0IF	0	R/W0	定时器 4 通道 0 中断标志 0：无中断发生 1：发生中断

续表

位	名称	复位	R/W	描 述
3	T4OVFIF	0	R/W0	定时器 4 溢出中断标志 0：无中断发生 1：发生中断
2	T3CH1IF	0	R/W0	定时器 3 通道 1 中断标志 0：无中断发生 1：发生中断
1	T3CH0IF	0	R/W0	定时器 3 通道 0 中断标志 0：无中断发生 1：发生中断
0	T3OVFIF	0	R/W0	定时器 3 溢出中断标志 0：无中断发生 1：发生中断

- TIMIF 寄存器的第 6 位用于定时器 1 溢出中断，默认值为 1，当定时器 1 计数器达到设定的溢出值时，即发生溢出中断。
- TIMIF 寄存器的第 5 位用于判断定时器 4 通道 1 是否产生中断。当产生中断时，此位自动置 1；若无中断产生，则此位为 0。
- TIMIF 寄存器的第 4 位用于判断定时器 4 通道 0 是否产生中断。当产生中断时，此位自动置 1；若无中断产生，则此位为 0。
- TIMIF 寄存器的第 3 位用于判断定时器 4 溢出中断是否产生。当产生中断时，此位自动置 1；若无中断产生，则此位为 0。
- TIMIF 寄存器的第 2 位用于判断定时器 3 通道 1 是否产生中断。当产生中断时，此位自动置 1；若无中断产生，则此位为 0。
- TIMIF 寄存器的第 1 位用于判断定时器 3 通道 0 是否产生中断。当产生中断时，此位自动置 1；若无中断产生，则此位为 0。
- TIMIF 寄存器的第 0 位用于判断定时器 3 溢出中断是否产生。当产生中断时，此位自动置 1；若无中断产生，则此位为 0。

以下内容将实现实例 5-5 定时器 3 模计数模式溢出中断控制 LED 闪烁。此实例由 3 部分组成：定时器 3 与 LED 初始化函数、主函数和中断函数。

定时器 3 与 LED 初始化函数，首先将 LED1 和 LED2 初始化为点亮状态，其次初始化 T3，将运行模式设置为模计数模式，并装载 T3CC0 的初值，打开中断，当计数器的值达到装载的比较值后将会产生中断。具体代码如实例 5-5 Init_T3()所示。

【实例 5-5】 Init_T3()

```
#include <ioCC2530.h>
#define LED1 P1_0
#define LED2 P1_1
#define uchar unsigned char
/* 定义全局变量：溢出中断次数 counter */
int counter = 0;
```

```
/*定时器3与LED初始化*/
void Init_T3(void)
{
    /*P1.0和P1.1都设为输出*/
    P1DIR = 0x03;
    /*打开LED1 */
    LED1 = 1;
    /*打开LED2*
    LED2 = 1;
    /*清除计数器且设置定时器3的模式为模计数模式*/
    T3CTL   = 0x06;
    /*初始化T3*/
    T3CCTL0 = 0x00;
    T3CC0   = 0x00;
    T3CCTL1 = 0x00;
    T3CC1   = 0x00;
    /*开T3中断*/
    T3CTL |= 0x08;
    /*开中断*/
    EA = 1;
    /*打开T3中断*/
    T3IE = 1;
    /*T3CTL |= 0X80; 时钟16分频*/
    T3CTL|=0x80;
    /*自动重装00->0xff*/
    T3CTL &= ~0X03;
    /*定时器计数字节*/
    T3CC0 = 0Xf0;
    /*启动定时器3*/
    T3CTL |= 0X10;
};
```

主函数中调用初始化函数并等待中断，具体代码如实例5-5 main()所示。

【实例5-5】 main()

```
void main(void)
{
  /*初始化*/
  Init_T3();
  /*关闭LED2*/
  LED2 = 0;
  /*等待中断*/
  while(1);
}
```

进入中断后，在中断函数中首先要消除中断标志，并且对中断次数进行计数，当中断次数达到2000次时，LED1和LED2状态改变，具体代码如实例5-5 T3_ISR ()所示。

【实例 5-5】 T3_ISR()

```
#pragma vector = T3_VECTOR
__interrupt void T3_ISR(void)
{
    /*消中断标志,可不清中断标志,硬件自动完成*/
    IRCON = 0x00;
    /*200次中断LED闪烁一轮*/
    if(counter<2000)
    {
        counter++;
    }
    else
    {
          /*计数清零*/
          counter = 0;
          /*LED1灯状态改变*/
          LED1 = !LED1;
          /*LED2灯的状态改变*/
          LED2 = !LED2;
    }
}
```

5.4 贯穿项目实现

传感信息采集完成之后,需要将数据传输至PC或其他上位机,数据的传输可以通过多种方式进行,比如串口、USB和以太网等。本书中采用串口将采集信息传输至PC。

4.8节讲解了传感信息的采集,本节的主要任务是将传感信息采集的数据通过串口传输至PC。

首先需要对串口进行初始化。初始化的过程如下:

- 选择晶振为外部32MHz晶体振荡器;
- 设置P0口优先作为串口;
- 采用串口UART方式传输;
- 设置波特率为57 600bps。

具体实现如实例5-6所示。

【实例 5-6】 initUARTtest()

```
void initUARTtest(void)
{
    /*选择晶振为32MHz*/
    CLKCONCMD &= ~0x40;
    /*等待晶振稳定*/
    while(!(SLEEPSTA & 0x40));
    /*TICHSPD128分频,CLKSPD不分频*/
    CLKCONCMD &= ~0x47;
    /关闭不用的RC振荡器*/
```

```
    SLEEPCMD |= 0x04;
    /*位置1 P0口*/
    PERCFG = 0x00;
    /*P0用作串口*/
    P0SEL = 0x3c;
    /*UART方式*/
    U0CSR |= 0x80;
    /*baud_e*/
    U0GCR |= 10;
    /*波特率设为57600*/
    U0BAUD |= 216;
    UTX0IF = 1;
    /*允许接收*/
    U0CSR |= 0X40;
    /*开总中断,接收中断*/
    IEN0 |= 0x84;
}
```

CC2530串口向PC传输数据通过U0DBUF寄存器,获得数据的长度后,将数据写入U0DBUF中,具体实现如实例5-7所示。

【实例5-7】 UartTX_Send_String()

```
void UartTX_Send_String(unsigned char *Data,int len)
{
  int j;
  for(j=0;j<len;j++)
  {
    U0DBUF = *Data++;
    while(UTX0IF == 0);
    UTX0IF = 0;
  }
}
```

在主函数中调用了温度转换函数,并且获取温度信息和光照信息,并通过串口传输至PC。具体实现如实例5-8所示。

【实例5-8】 main()

```
void main()
{
  unsigned char i;
  unsigned char* temp;
  unsigned char* guangM;
  initUARTtest();
  while(1)
  {
    /*开始转换*/
    DS18B20_SendConvert();
    /* 延时1S*/
    for(i=20; i>0; i--)
```

```
    delay_nμs(50000);

    /*获取传感信息*/
    temp = DS18B20_GetTem();
    send_buf[0] = temp[0];
    send_buf[1] = temp[1];
    guangM = getGuangM();
    send_buf[2] = guangM[0];
    send_buf[3] = guangM[1];
    /*串口输出采集的温度*/
    UartTX_Send_String(send_buf,4);
    asm("NOP");
  }
}
```

温度信息的采集直接调用温度获取函数，在本任务中光照信息的获取需要返回值，具体实现如实例 5-9 所示。

【实例 5-9】 getGuangM()

```
unsigned char * getGuangM(void)
{
  P0DIR &= 0xfd;
  ADCIF = 0;
  /*清 EOC 标志*/
  ADCH &= 0X00;
  /*P0.7 做 ad 口*/
  APCFG |= 0X02;
  /*单次转换,,对 P01 进行采样*/
  ADCCON3 = 0x71;
  /*等待转化是否完成*/
  while(!(ADCCON1&0x80));
  /*送 A/D 转换的高位*/
  Guang[0] =  ADCH;
  /*送数据的第 6 个字节 A/D 转换的低位*/
  Guang[1] =  ADCL;
  return (Guang);
}
```

本任务头文件如实例 5-10 所示。

【实例 5-10】 头文件

```
#include "ioCC2530.h"
#include "DS18B20.h"
unsigned char Guang[2];
unsigned char send_buf[4];
unsigned char i;
unsigned char * getGuangM(void);
void initUARTtest(void);
void UartTX_Send_String(unsigned char *Data,int len);
```

本章总结

小结

- CC2530 有两个串行通信接口：USART0 和 USART1。
- CC2530 的两个串口有两种串口模式：UART 和 SPI 模式。
- 串口有 5 个寄存器，分别是串口控制和状态寄存器 UxCSR、串口 UART 控制寄存器 UxUCR、串口接收/传送数据缓存寄存器 UxDBUF 寄存器、串口波特率控制寄存器 UxBAUD 寄存器和串口通用控制 UxGCR 寄存器。
- DMA 控制器含有若干可编程的 DMA 通道，用来实现存储器之间的数据传送。
- DMA 控制器控制整个 XDATA 存储映射空间的数据传送。由于大多数 SFR 寄存器映射到 DMA 存储器空间，DMA 通道的操作能够减轻 CPU 的负担。
- DMA 控制器还可以保持 CPU 在低功耗模式下与外设单元之间传送数据，不需要唤醒，降低整个系统的功耗。
- CC2530 有 5 个定时器、1 个 16 位定时器（定时器 1）、2 个 8 位定时器（定时器 3 和定时器 4）、2 个用于休眠的定时器（定时器 2 和 MAC 定时器）。
- 定时器 1 支持定时和计数功能，有捕获、输出比较和 PWM 的功能。
- 定时器 3 和定时器 4 每个定时器有两个独立的比较通道。

Q&A

问题：DMA 通道 1～4 配置地址高字节寄存器 DMAxCFGH 和低字节寄存器 DMAxCFGL（x 取值为 1、2、3、4）之间的关系。

回答：寄存器 DMA1CFGH 和寄存器 DMA1CFGL 给出 DMA 通道 1 配置数据结构的开始地址，其后跟着 DMA 通道 2～4 的配置数据结构。DMA 通道 1～4 的 DMA 配置数据将存储器连续的区域内，以 DMA1CFGH 和 DMA1CFGL 所保存的地址开始，包含 32 个字节。

章节练习

习题

1. 以下寄存器属于“串口 0 控制和状态寄存器”的是________。

   A. U0CSR　　B. U0UCR　　C. U0BUF　　D. U0GCR

2. 下列对于定时器 1 说法中，错误的是________。

   A. 5 个独立的捕获、比较通道

   B. 只有上升沿具有输入捕获

   C. 可被 1、8、32 或 128 整除的时钟分频器

   D. 具有 DMA 触发功能

3. CC2530有两个串行通信接口：________和________。
4. 定时器1支持定时和计数功能，有________、________和________功能。
5. 简述异步串口UART模式操作的特点。
6. 简述DMA控制的主要功能。
7. 参照表5-28配置串口0为SPI的从模式。

表5-28　U0CSR寄存器

位	名称	复位	R/W	描　述
7	MODE	0	R/W	USART模式选择 0：SPI模式 1：UART模式
6	RE	0	R/W	UART接收器使能，但是在UART完全配置之前不能接收 0：禁止接收器 1：使能接收器
5	SLAVE	0	R/W	SPI主或者从模式选择 0：SPI主模式 1：SPI从模式
4	FE	0	R/W0	UART帧错误状态 0：无帧错误检测 1：字节收到不正确停止位级别
3	FRR	0	R/W0	UART奇偶校验错误状态 0：无奇偶校验检测 1：字节收到奇偶错误
2	RX_BYTE	0	R/W0	接收字节状态，UART模式和SPI模式。当读U0DBUF该位自动清零，通过写0清除它，这样有效丢弃U0BUF中的数据 0：没有收到字节 1：接收字节就绪
1	TX_BYTE	0	R/W0	传送字节状态，UART和SPI从模式 0：字节没有传送 1：写到数据缓存寄存器的最后字节已经传送
0	ACTIVE	0	R	USART传送/接收主动状态 0：USART空闲 1：USART在传送或者接收模式忙碌

8. 根据表5-29判断DMA通道1是否发生中断。

表5-29　DMAIRQ寄存器

位	名称	复位	R/W	描　述
7～5	--	000	R/W0	保留
4	DMAIF4	0	R/W0	DMA通道4中断标志 0：DMA通道传送标志 1：DMA通道传送完成/中断未决

续表

位	名称	复位	R/W	描　述
3	DMAIF3	0	R/W0	DMA 通道 3 中断标志 0：DMA 通道传送标志 1：DMA 通道传送完成/中断未决
2	DAMIF2	0	R/W0	DMA 通道 2 中断标志 0：DMA 通道传送标志 1：DMA 通道传送完成/中断未决
1	DMAIF1	0	R/W0	DMA 通道 1 中断标志 0：DMA 通道传送标志 1：DMA 通道传送完成/中断未决
0	DMAIF0	0	R/W0	DMA 通道 0 中断标志 0：DMA 通道传送标志 1：DMA 通道传送完成/中断未决

第6章 CC2530无线射频

任务驱动

基于 ZigBee 的智能家居环境信息采集系统必须要有传感信息的采集，本章将完成任务驱动的传感信息采集传输。具体任务如下：

CC2530 控制 DS18B20 采集温度信息并通过无线射频传输。

学习导航/课程定位

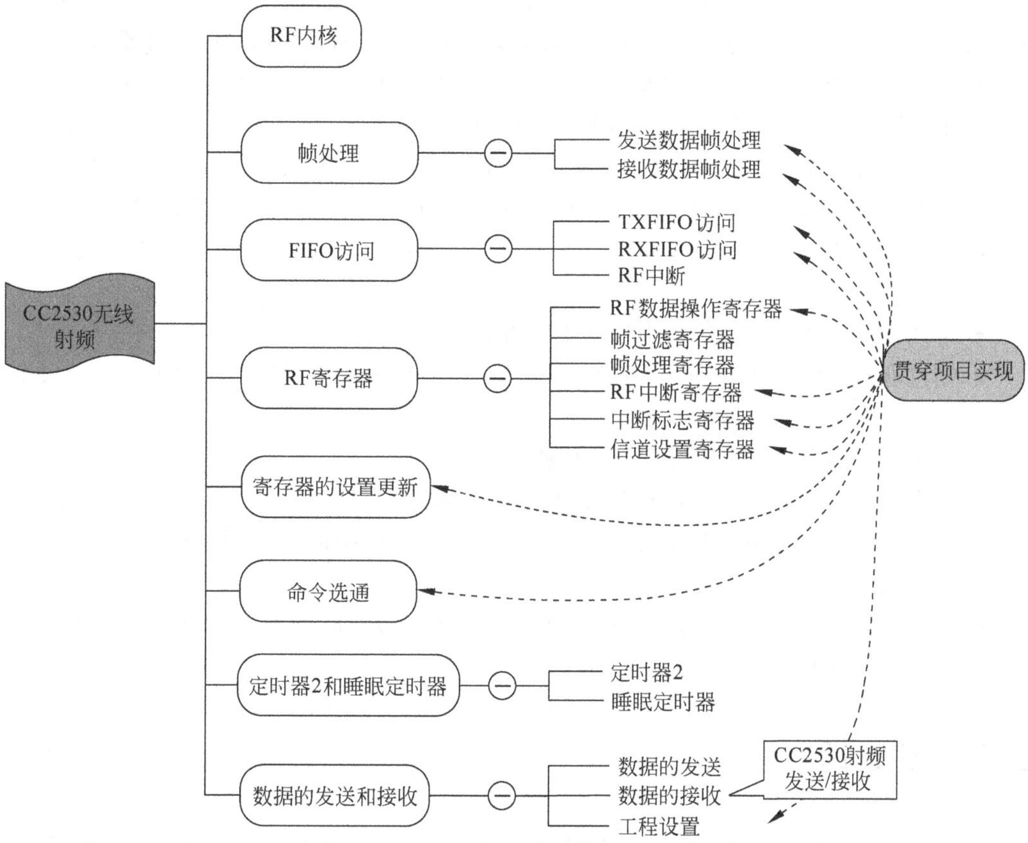

本章目标

知识点	Listen(听)	Know(懂)	Do(做)	Revise(复习)	Master(精通)
RF 内核	★	★			
数据帧处理	★	★	★		
FIFO 访问	★	★	★	★	
RF 寄存器	★	★	★	★	★
定时器 2 的使用	★	★	★	★	
睡眠定时器	★	★	★		
数据的发送和接收	★	★	★	★	★

6.1 RF 内核

CC2530 作为一款片上系统的芯片，集成了增强型 8051 内核和 RF 无线射频模块，其中 RF 无线射频模块是 CC2530 的核心部分，它控制模拟无线电模块，并且在 MCU 和无线电之间提供一个接口。通过此接口可以实现发送命令、读取状态和自动对无线电事件排序的功能。

CC2530 的无线射频 RF 内核包括以下几部分：FSM 子模块控制、调制/解调器、帧过滤和源匹配、频率合成器、命令选通处理器、无线电 RAM 和定时器 2(MAC 定时器)。

- FSM 子模块控制 RF 收发器的状态：发送和接收 FIFO、动态受控的模拟信号。FSM 子模块有 3 个基本功能：FSM 用于为事件提供正确的顺序；并且为解调器的输入帧提供分布的处理，比如读帧长度、计算收到的字节数、检查 FCS、处理自动回复的确认帧；FSM 控制在调制器/解调器和 RAM 的 TXFIFO 和 RXFIFO 之间传输数据。
- 调制器负责按照 IEEE 802.15.4 标准把原始数据转换为 I/Q 信号发送到发送器 DAC。
- 解调器负责从收到的信号中检索无线数据。
- 帧过滤和源匹配通过执行所有操作支持 RF 内核中的 FSM，按照 IEEE802.15.4 标准执行帧过滤和源地址匹配。
- 频率合成器负责为 RF 信号产生载波。
- 命令选通处理器负责处理 CPU 发出的所有命令，并且自动执行 CSMA/CA 机制。
- 无线电 RAM 负责发送数据的 TXFIFO(发送数据缓冲区)和接收数据的 RXFIFO(接收数据缓冲区)。
- 定时器 2 用于无线电事件计时，以捕获输入数据包的时间戳。定时器 2 在睡眠模式下也保持计数。

6.2 帧处理

CC2530 的数据帧处理按照数据帧格式来处理，数据帧格式分为发送数据帧格式和接收数据帧格式。

6.2.1 发送数据帧处理

CC2530 发送数据是以帧格式发送。每发送一个数据都要按照预先的帧格式进行封装，CC2530 的数据帧格式如图 6-1 所示。

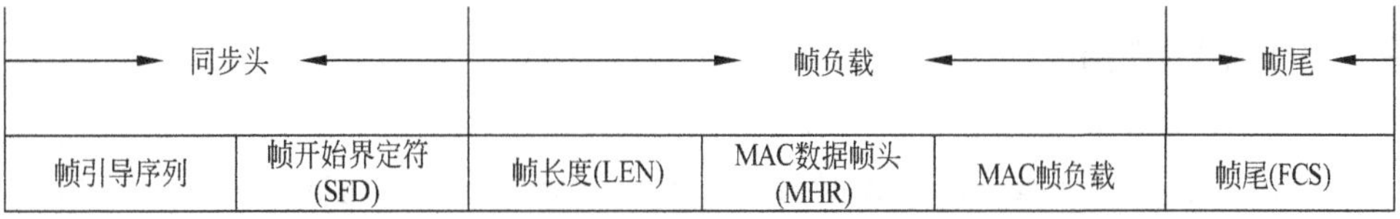

图 6-1　CC2530 数据帧格式

CC2530 的发送数据帧格式由三部分组成：同步头、帧载荷和帧尾。

- 同步头也称物理同步头，由两部分组成帧引导序列和帧开始界定符，其中帧引导序列由 4 个字节的 0 组成；帧开始界定符时 RF 自动发送的，并且固定不变，即使软件也不能改变此项内容。同步头由硬件自动产生。
- 帧载荷由 3 部分组成：帧长度域、MAC 数据帧头和 MAC 帧负载。其中帧长度域决定需要发送的字节数；MAC 数据帧头用于判别数据帧的帧类型；MAC 负载为 MAC 层的发送的具体数据。帧载荷部分由软件配置完成。
- 帧尾主要负责帧校验序列，如果用户设置了相应的寄存器，帧尾域存储在一个单独的 16 位寄存器中。帧尾域可以通过软件产生，也可以通过硬件部分产生。如果在寄存器中设置了 AUTOCRC，那么帧尾域由硬件自动产生；如果没有设置 AUTOCRC，那么帧尾域由软件产生。

发送数据帧产生过程如下：

(1) 产生并自动传输帧引导序列和帧开始界定符。

(2) 传输帧长度域指定的字节数。

(3) 计算并自动传输帧尾。

6.2.2 接收数据帧处理

接收方在接收到数据后，除了对接收的数据帧进行处理之外，还发送一个确认帧给发送方。接收到的数据帧以及确认帧的帧结构如图 6-2 所示。

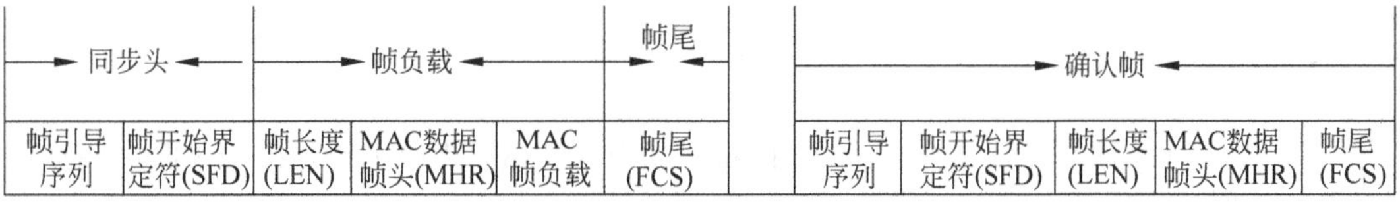

图 6-2　接收数据帧结构

接收方在接收到数据之后需要做以下操作：

(1) 由硬件自动移除同步头。包括帧引导序列和帧开始界定符。

(2) 通过软件读取寄存器获得传输数据的长度。

(3) 通过软件过滤 MAC 数据帧头和 MAC 负载获得用户发送的数据。

(4) 硬件自动检查帧尾,并把结果存放入接收的数据组帧中。

(5) 如果接收数据无误发送确认帧。

确认帧帧结构由5部分组成:确认帧的帧引导序列、帧开始界定符、帧长度、MAC数据帧头和帧尾组成。确认帧的长度一般是5个字节,即每一部分占有一个字节的空间。

6.3 FIFO访问

FIFO访问的主要功能是用于数据的发送和接收缓存,FIFO访问分为TXFIFO访问和RXFIFO访问两部分。本节将讲解TXFIFO操作、RXFIFO操作以及在对TXFIFO和RXFIFO操作过程中会产生的中断。

6.3.1 TXFIFO访问

TXFIFO可以保存128B,一次只能有一个帧。帧可以在不产生TX下溢的情况下且在执行发送命令之前或之后进行缓冲。其中有两种方式将数据帧写入TXFIFO。

- 通过写RFD寄存器的方式将数据帧写入TXFIFO。
- 通过使能FRMCTRL1.IGNORE_TX_UNDERF位,可以直接将数据写入无线存储器的RAM区域,它保存TXFIFO。

针对以上两种对TXFIFO的操作,本书建议使用第一种方式,选择写RFD寄存器的方式将数据帧写入TXFIFO。其中RFD寄存器和FRMCTRL1寄存器在6.4节中将详细讲解。

6.3.2 RXFIFO访问

RXFIFO可以保存一个或多个收到的帧,但是总字节数不能多于128B。如果要读取RXFIFO中的数据则要通过读取RFD寄存器来获得。从RFD获得的数据第一个字节为读取的数据的长度。

在对RXFIFO进行操作的过程中,可能会发生上溢或下溢的情况。当RXFIFO接收到的数据超过128B时,RXFIFO将产生溢出,此种溢出被称为上溢;当RXFIFO为空的时候,且软件从RXFIFO中读取数据时,也会产生溢出,此种溢出被称为下溢。接收端的溢出可以通过设置寄存器标志来判定,并且溢出还可以产生错误中断。

6.3.3 RF中断

RF中断有两种情况,RF数据发送/接收完成中断和RF错误中断。两种中断由相应的中断寄存器来设置。

- RF数据发送/接收完成中断:发送数据时,当数据帧的帧开始界定符SFD域成功发送一个完整的数据帧后,即将产生一个中断;接收数据时,当数据帧的帧开始界定符SFD域成功接收一个完整的数据帧时将产生一个接收中断。
- RF错误中断:RF错误中断即溢出中断,溢出中断又分为上溢和下溢。当数据对FIFO进行操作过程中,只要发生溢出便会产生一个中断。

6.4 RF寄存器

RF寄存器有RF数据操作寄存器、帧过滤寄存器、地址匹配寄存器、帧处理寄存器和RF中断寄存器。本节将详细讲解RF寄存器的使用。

6.4.1 RF数据操作寄存器

RFD寄存器用于数据发送或接收过程中缓存数据，当把要发送的数据写入此寄存器即将数据写入TXFIFO；当接收到数据后，从该寄存器中读取数据时即将数据从RXFIFO中读取出来，如表6-1所示。

表6-1　RF数据寄存器RFD

位	名称	复位	R/W	描　述
7～0	RFD[7～0]	0x00	R/W	发送的数据写入此寄存器即写入TXFIFO，当读取该寄存器时，即从RXFIFO中读取数据

以下示例将实现CC2530无线发送和接收数据QST，在发送数据的过程中要实现对RFD寄存器的读写，其读写过程如示例6-1和示例6-2所示。

在发送过程中，首先需要确定需要发送的数据，然后将数据写入RFD。具体操作如示例6-1所示。

【示例6-1】　发送数据写入RFD

```
unsigned char i;
/*需要发送的数据字符*/
signed char tx[ ] = {"QST"};
/*将需要发送的数据写入RFD*/
for(i = 0;i<4;i++)
{
    RFD = tx[i];
}
```

在接收端要读取RFD中的数据时，首先要获得接收数据的长度，接收数据的长度是RFD的第一个字节。获得数据长度之后将数据从RFD中读出，具体操作如示例6-2所示。

【示例6-2】　从RFD中读取接收数据

```
/*获得接收数据的帧长度*/
len = RFD;
len &= 0x7f;
/*将接收的数据从RFD中读出并写入buf*/
for (i = 0; i<len; i++)
{
   buf[i] = RFD;
   Delay(200);
}
```

6.4.2 帧过滤寄存器

帧过滤寄存器有两个,分别是帧过滤寄存器FRMFILT0和FRMFILT1。主要功能是帧过滤功能的使能或禁止,接收或过滤各种帧类型的数据。

FRMFILT0寄存器主要用于帧过滤功能的开启或禁止,过滤帧控制域、设置节点为PAN协调器等,其具体描述见表6-2。

表6-2 帧过滤寄存器FRMFILT0

位	名　称	复位	R/W	描　述
7	-	0	R/W	保留。总是写0
6～4	FCF_RESERVED_MASK[2～0]	000	R/W	用于过滤帧控制域(FCF)的保留部分。FCF_RESERVED_MASK[2～0]与FCF[9～7]。如果结果非零,且帧过滤使能,该帧被拒绝
3～2	MAX_FRAME_VERSION[1～0]	11	R/W	用于帧过滤控制域(FCF)的帧版本域。如果FCF[13～12]高于MAX_FRAME_VERSION且帧过滤使能,该帧被拒绝
1	PAN_COORDINATOR		R/W	当设备时一个PAN协调器,必须设置为高,以接收没有目标地址的帧 0：设备不是PAN协调器 1：设备是PAN协调器
0	FRAME_FILTER_EN	1	R/W	使能帧过滤 0：禁止帧过滤 1：使能帧过滤

- FRMFILT0寄存器的第6～2位用于过滤帧控制域部分。当帧过滤功能开启时,会选择过滤与设定的帧控制域不相同的数据帧。
- FRMFILT0寄存器的第1位用于设定设备是否为PAN协调器。当该位设置为0时,设备不是PAN协调器;当该位设置为1时,设备为PAN协调器。
- FRMFITL0寄存器的第0位为帧过滤功能使能位。当该位设置为0时,禁止帧过滤功能;当该位设置为1时,开启帧过滤功能。

帧过滤寄存器FRMFILT1主要负责MAC数帧类型接收控制功能,通过不同的设置可以选择接收或拒绝各个类型的数据帧,其具体描述见表6-3。

表6-3 帧过滤寄存器FRMFILT1

位	名　称	复位	R/W	描　述
7	ACCEPT_FT_4TO7_RESERVED	0	R/W	定义是否接收保留帧。保留帧的帧类型为命令帧、确认帧、数据帧或信标帧 0：拒绝 1：接收
6	ACCEPT_FT_3_MAC_CMD	1	R/W	定义是否接收MAC命令帧 0：拒绝 1：接收

续表

位	名　称	复位	R/W	描　述
5	ACCEPT_FT_2_ACK	1	R/W	定义是否接收确认帧 0：拒绝 1：接收
4	ACCEPT_FT_1_DATA	1	R/W	定义是否接收数据帧 0：拒绝 1：接收
3	ACCEPT_FT_0_BEACON	1	R/W	定义是否接收信标帧 0：拒绝 1：接收
2～1	MODIFY_FT_FILTER	00	R/W	在执行帧类型过滤之前，此位用于修改一个收到帧类型域。修改不影响写入 RXFIFO 的帧 00：不变 01：颠倒 MSB 10：设置 MSB 为 0 11：设置 MSB 为 1
0	-	0	R/W	保留，总是写 0

- FRMFILT1 寄存器的第 7 位主要负责是否接收 MAC 的命令帧、确认帧、数据帧和信标帧。当该位设置为 0 时，拒绝接收各种类型的帧；当该位设置为 1 时，选择接收各种类型的帧。
- FRMFILT1 寄存器的第 6 位为 MAC 命令帧控制位。如果该位设置为 0，表示拒绝接收 MAC 命令帧；如果该位设置为 1，表示接收 MAC 命令帧。
- FRMFILT1 寄存器的第 5 位为 MAC 确认帧控制位。如果该位设置为 0，表示拒绝接收 MAC 确认帧；如果该位设置为 1，表示接收 MAC 确认帧。
- FRMFILT1 寄存器的第 4 位为 MAC 数据帧控制位。如果该位设置为 0，表示拒绝接收 MAC 数据帧；如果该位设置为 1，表示接收 MAC 数据帧。
- FRMFILT1 寄存器的第 3 位为 MAC 信标帧控制位。如果该位设置为 0，表示拒绝接收 MAC 信标帧；如果该位设置为 1，表示接收 MAC 信标帧。
- FRMFILT1 寄存器的第 2～1 位主要负责修改数据的帧类型。
- FRMFITL1 寄存器的第 0 位为保留位。

6.4.3 帧处理寄存器

帧处理寄存器有两个：帧处理寄存器 FRMCTRL0 和 FRMCTRL1。帧寄存器主要负责帧校验序列、确认帧的传输。

FRMCTRL0 寄存器控制 CRC 校验设置、确认帧回复、信号强度设置和接收/发送模式选择。具体设置如表 6-4 所示。

表 6-4　帧处理寄存器 FRMCTRL0

位	名　　称	复位	R/W	描　　述
7	APPEND_DATA_MODE	0	R/W	当 AUTOCRC＝1 时，该位设置如下： 0：RSSI＋CRC_OK 位和 7 位相关值附加到每个收到帧的末尾 1：RSSI＋CRC_OK 位 SRCRESINDEX 附加到每个收到帧的末尾
6	AUTOCRC	1	R/W	在 TX 中 1：硬件检查一个 CRC-16，并添加到发送帧。不需要写最后 2 个字节到 TXBUF 0：没有 CRC-16 附加到帧。帧的最后两个字节必须手动产生并写入 TXBUF（如果没有发生 TX 下溢） 在 RX 中： 1：硬件检查一个 CRC-16，并以一个 16 位状态字寄存器代替 RX_FIFO，包括一个 CRC_OK 位。状态字可通过 APPEND_DATA_MODE 控制 0：帧的最后 2 个字节（CRC-16 域）存储在 RXFIFO，CRC 校验（如果有，则必须手动完成）
5	AUTOACK	0	R/W	定义无线电是否自动发送确认帧 0：AUTOACK 禁用 1：AUTOACK 使能
4	ENERGY_SCAN	0	R/W	定义 RSSI 寄存器是否包括自能量扫描使能以来最新的信号强度或峰值信号强度 0：最新的信号强度 1：峰值信号强度
3～2	RX_MODE[1～0]	00	R/W	设置 RX 模式 00：一般模式，使用 RXFIFO 01：保留 10：RXFIFO 循环忽略 RXFIFO 的溢出，无限接收 11：和一般模式一样，除了禁用符号搜索。当不用于找到符号可以用于测量 RSSI 或 CCA
1～0	TX_MODE[1～0]	00	R/W	设置 TX 的测试模式 00：一般操作，发送 TXFIFO 01：保留，不能使用 10：TXFIFO 循环忽略 TXFIFO 的溢出和读循环，无限发送 11：发送来自 CRC 的伪随机数，无限发送

- FRMCTRL0 寄存器的第 7 位负责在 AUTOCRC＝1 的情况下设置 RSSI 的情况。当设置为 0 时，RSSI＋CRC_OK 位和 7 位相关值附加到每个收到帧的末尾；当设置为 1 时，RSSI＋CRC_OK 位 SRCRESINDEX 附加到每个收到帧的末尾。

- FRMCTRL0 寄存器的第 6 位负责 AUTOCRC 的设置，AUTOCRC 在发送模式和接收模式下的设置不同。在发送模式下，当该位设置为 1 时，硬件检查一个 CRC-16，并添加到发送帧；当设置为 0 时，没有 CRC-16 附加到帧。帧的最后两个字节必须手动产生并写入 TXBUF。在接收模式下，如果该位设置为 0 时，帧的最后 2 个字节（CRC-16 域）存储在 RXFIFO，必须手动完成 CRC 校验；如果该位设置为 1 时，硬件检查一个 CRC-16，并以一个 16 位状态字寄存器代替 RX_FIFO，包括一个 CRC_OK 位。状态字可通过 APPEND_DATA_MODE 控制。
- FRMCTRL0 寄存器的第 5 位负责设置确认帧的回复。当该位设置为 0 时，确认帧自动回复功能禁用；当该位设置为 1 时，确认帧自动回复功能开启。
- FRMCTRL0 寄存器的第 4 位负责无线信号强度的设置。当该位设置为 0 时，发送或接收的为最新的信号强度；当该位设置为 1 时，发送或接收的为峰值信号强度。
- FRMCTRL0 寄存的第 3～2 位负责设置接收模式。当设置为 00 时，为一般模式并且使用 RXFIFO；当设置为 10 时，接收模式为无限接收，忽略 RXFIFO 的溢出。当设置和 11 时，和一般模式基本相同，但是禁用符号搜索功能。

以下示例将实现通过设置 FRMCTRL0 寄存器实现硬件 CRC 检验以及接收数据端确认帧自动回复。具体设置如示例 6-3 所示。

【示例 6-3】 设置硬件 CRC 校验和 AUTO_ACK

```
/* 设置硬件 CRC 校验 */
FRMCTRL0 |= 0x40;
/* 设置自动回复确认帧即 AUTO_CRC 使能 */
FRMCTRL0 |= 0x20;
```

帧处理寄存器 FRMCTRL1 主要负责设置 TX 溢出设置，其具体设置如表 6-5 所示。

表 6-5 帧处理寄存器 FRMCTRL1

位	名 称	复位	R/W	描 述
7～3	-	00000	R0	保留
2	PENDING_OR	0	R/W	定义输出确认帧的未决数据位总是设置为 1，或者由 FSM 和地址过滤控制 0：未决数据位由主要 FSM 和地址过滤控制 1：未决数据位总是 1
1	IGNORE_TX_UNDERF	0	R/W	TX 溢出设置 0：一般 TX 操作。检测 TX 溢出，将终止 TX 1：忽略 TX 溢出。发送长度域给定的字节数
0	SET_RXENMASK_ON_TX	1	R/W	定义 STXON 设置 RXENABLE 寄存器的第 14 位 0:不影响 RXENABLE 1:设置 RXENABLE 的第 14 位。用于向后兼容 CC2420

FRMCTRL1 寄存器主要负责检测 TX 溢出。当 FRMCTRL1 寄存器的第 1 位设置为 0 时，为一般的发送操作，如果检测到 TX 溢出，将终止 TX 的传输。当设置为 1 时，忽略

TX 的溢出，即使发生发送溢出，发送端也将发送给定的字节数。

6.4.4 RF 中断寄存器

RF 有 20 个中断源，对应 3 个中断屏蔽寄存器，分别是 RFIRQM0、RFIRQM1 和 RF 错误中断屏蔽寄存器 RFERRM。

RF 中断屏蔽寄存器 RFIRQM0 负责开启和禁止 RX 中断、接收到完整的帧中断、帧过滤中断、匹配中断等。RFIRQM0 寄存器如表 6-7 所示。

表 6-6 RF 中断屏蔽寄存器 RFIRQM0

位	名　　称	复位	R/W	描　　述
7	RXMASKZERO	0	R/W	RX 中断寄存器从一个非零状态到全零状态 0：中断禁用 1：中断使能
6	RXPKTDONE	0	R/W	接收到一个完整的帧 0：中断禁用 1：中断使能
5	FRAME_ACCEPTED	0	R/W	数据帧经过帧过滤 0：中断禁用 1：中断使能
4	SRC_MATCH_FOUND	0	R/W	与匹配被发现 0：中断禁用 1：中断使能
3	SRC_MATCH_DONE	0	R/W	源匹配完成中断 0：中断禁用 1：中断使能
2	FIFOP	0	R/W	RXFIFO 中的字节数超过设置的阈值。当收到一个完整的帧时也会激发中断 0：中断禁用 1：中断使能
1	SFD	0	R/W	收到或发送 SFD 0：中断禁用 1：中断使能
0	ACT_UNUSED	0	R/W	保留

- RFIRQM0 寄存器的第 7 位负责 RX 中断寄存器从一个非零状态到全零状态。当该位设置为 0 时，中断禁止；当该位设置为 1 时，中断使能。
- RFIRQM0 寄存器的第 6 位负责设置 RX 接收到一个完整的帧时是否发生中断。当该位设置为 0 时，中断禁止。当该位设置为 1 时，中断使能。
- RFIRQM0 寄存器的第 5 位负责数据帧过滤中断。当该位设置为 0 时，中断禁止；当该位设置为 1 时，中断使能。
- RFIRQM0 寄存器的第 4 位负责匹配被发现中断。当该位设置为 0 时，中断禁止；当该位设置为 1 时，中断使能。

- RFIRQM0 寄存器的第 3 位负责源匹配完成中断。当该位设置为 0 时，中断禁止；当该位设置为 1 时，中断使能。
- RFIRQM0 寄存器的第 2 位负责 RXFIFO 中的字节数超过设置的阈值发生中断。当该位设置为 0 时，中断禁止；当该位设置为 1 时，中断使能。
- RFIRQM0 寄存器的第 1 位负责收到或发送 SFD 发生中断。当该位设置为 0 时，中断禁止；当该位设置为 1 时，中断使能。

数据接收过程中当接收到一个完整的帧时需要进行数据处理，此时需要设置中断接收，具体设置如示例 6-4 所示。

【示例 6-4】 接收到一个完整的帧中断

```
/*接收到一个完整的帧中断*/
RFIRQM0 |= 0x40;
```

RFIRQM1 中断屏蔽寄存器主要负责 CSP 指令执行中断、无线电空闲状态、发送数据帧及确认帧中断的禁止或启用。具体配置如表 6-7 所示。

表 6-7　RF 中断屏蔽寄存器 RFIRQM1

位	名　称	复位	R/W	描　述
7～6	-	00	R0	保留
5	CSP_WAIT	0	R/W	CSP 的一条等待指令之后继续执行 0：中断禁用 1：中断使能
4	CSP_STOP	0	R/W	CSP 停止程序执行 0：中断禁用 1：中断使能
3	CSP_MANINT	0	R/W	来自 CSP 的手动中断产生 0：中断禁用 1：中断使能
2	RF_IDLE	0	R/W	无线电状态机制进入空闲状态 0：中断禁用 1：中断使能
1	TXDONE	0	R/W	发送一个完整的帧 0：中断禁用 1：中断使能
0	TXACKDONE	0	R/W	完整地发送了一个确认帧 0：中断禁用 1：中断使能

- RFIRQM1 寄存器的第 5～3 位主要负责与 CSP 指令相关操作的中断禁止或开启。如果相应位设置为 0，则中断禁止；如果相应的位设置为 1，则开启中断。
- RFIRQM1 寄存器的第 2 位主要负责无线电状态机制进入空闲状态中断禁用和使能。如果该位设置为 0，则中断禁止；如果该位设置为 1，则开启中断。
- RFIRQM1 寄存器的第 1 位主要负责发送一个完整的帧之后产生中断。如果该位设置为 0，则中断禁止；如果该位设置为 1，则开启中断。

- RFIRQM1 寄存器的第 0 位主要负责发送一个完整的确认帧之后产生中断。如果该位设置为 0,则中断禁止；如果该位设置为 1,则开启中断。

RF 错误中断屏蔽寄存器 RFERRM 主要负责 RF 产生错误时是否产生中断。具体配置如表 6-8 所示。

表 6-8　RF 错误中断屏蔽寄存器 RFERRM

位	名　称	复位	R/W	描　述
7	-	0	R0	保留
6	STROBEERR	0	R/W	命令选通无法被处理时产生中断 0：中断禁用 1：中断使能
5	TXUNDERF	0	R/W	TXFIFO 下溢 0：中断禁用 1：中断使能
4	TXOVERF	0	R/W	TXFIFO 上溢 0：中断禁用 1：中断使能
3	RXUNDERF	0	R/W	RXFIFO 下溢 0：没有发生中断 1：发生中断
2	RXOVERF	0	R/W	RXFIFO 上溢 0：中断禁用 1：中断使能
1	RXABO	0	R/W	接收一个帧被停止 0：中断禁用 1：中断使能
0	NLOCK	0	R/W	频率合成器在接收期间超过或锁丢失后,完成锁失败 0：中断禁用 1：中断禁止

- RFERRM 寄存器的第 6 位主要负责当命令选通无法被处理时判断中断是否发生。当该位设置为 0 时,中断禁止；当该位设置为 1 时,中断开启。
- RFERRM 寄存器的第 5 位主要负责 TXFIFO 下溢中断。当该位设置为 0 时,中断禁止；当该位设置为 1 时,中断开启。
- RFERRM 寄存器的第 4 位主要负责 TXFIFO 上溢中断。当该位设置为 0 时,中断禁止；当该位设置为 1 时,中断开启。
- RFERRM 寄存器的第 3 位主要负责 RXFIFO 下溢中断。当该位设置为 0 时,中断禁止；当该位设置为 1 时,中断开启。
- RFERRM 寄存器的第 2 位主要负责 RXFIFO 上溢中断。当该位设置为 0 时,中断禁止；当该位设置为 1 时,中断开启。
- RFERRM 寄存器的第 1 位主要负责接收帧被停止接收时是否开启中断。当该位设置为 0 时,中断禁止；当该位设置为 1 时,中断开启。

- RFERRM 寄存器的第 0 位主要负责当频率合成器在接收期间超过或锁丢失后时是否开启中断。当该位设置为 0 时，中断禁止；当该位设置为 1 时，中断开启。

6.4.5 中断标志寄存器

RF 内核产生的 20 个中断，除了有自己的中断使能位之外，每个中断源都对应一个中断标志位。CC2530 中断标志位分别在中断标志寄存器 RFIRQF0、RFIRQF1 和 RFIERRF 寄存器中。

中断标志寄存器 RFIRQF0 负责判断中断屏蔽寄存器 RFIRQM0 中相应的中断位有无发生中断。具体设置如表 6-9 所示。

表 6-9 RF 中断标志寄存器 RFIRQF0

位	名　称	复位	R/W	描　述
7	RXMASKZERO	0	R/W	RX 中断寄存器从一个非零状态到全零状态 0：没有发生中断 1：发生中断
6	RXPKTDONE	0	R/W	接收到一个完整的帧 0：没有发生中断 1：发生中断
5	FRAME_ACCEPTED	0	R/W	数据帧经过帧过滤 0：没有发生中断 1：发生中断
4	SRC_MATCH_FOUND	0	R/W	源匹配被发现 0：没有发生中断 1：发生中断
3	SRC_MATCH_DONE	0	R/W	源匹配完成中断 0：没有发生中断 1：发生中断
2	FIFOP	0	R/W	RXFIFO 中的字节数超过设置的阈值。当收到一个完整的数据帧后也发生中断 0：没有发生中断 1：发生中断
1	SFD	0	R/W	收到或发送 SFD 0：没有发生中断 1：发生中断
0	ACT_UNUSED	0	R/W	保留

- RFIRQF0 寄存器的第 7 位负责判断 RX 中断寄存器从一个非零状态到全零状态是否发生中断。当该位为 0 时，没有中断发生；当该位设置为 1 时，中断发生。
- RFIRQF0 寄存器的第 6 位负责判断 RX 接收到一个完整的帧时是否发生中断。当该位为 0 时，没有中断发生；当该位为 1 时，中断发生。
- RFIRQF0 寄存器的第 5 位负责判断数据帧过滤是否发生中断。当该位为 0 时，没有中断发生；当该位设置为 1 时，中断发生。

- RFIRQF0 寄存器的第 4 位负责判断匹配被发现是否发生中断。当该位为 0 时，没有中断发生；当该位为 1 时，中断发生。
- RFIRQF0 寄存器的第 3 位负责判断源匹配完成之后是否中断。当该位为 0 时，没有中断发生；当该位为 1 时，中断发生。
- RFIRQF0 寄存器的第 2 位负责判断 RXFIFO 中的字节数超过设置的阈值后是否发生中断。当该位为 0 时，没有中断发生；当该位为 1 时，中断发生。
- RFIRQF0 寄存器的第 1 位负责判断收到或发送 SFD 发生后发生中断。当该位为 0 时，没有中断发生；当该位为 1 时，中断发生。

在数据接收过程中，当接收到一个完整的数据帧后，判断是否发生中断，这时需要判断 RFIRQM 的第 6 位是否发生中断。具体设置如示例 6-5 所示。

【示例 6-5】 接收到一个完整的帧中断

```
/*接收到一个完整的帧中断是否发生*/
if(RFIRQF0 & (1<<6))
{
  /*中断发生*/
}
else
{
  /*中断未发生*/
}
```

RFIRQF1 中断标志寄存器主要判断中断屏蔽寄存器 RFIRQM1 的相应位是否发生中断。具体配置如表 6-10 所示。

表 6-10 RF 中断标志寄存器 RFIRQF1

位	名 称	复位	R/W	描 述
7～6	-	00	R0	保留
5	CSP_WAIT	0	R/W	CSP 的一条等待指令之后继续执行 0：没有发生中断 1：发生中断
4	CSP_STOP	0	R/W	CSP 停止程序执行 0：没有发生中断 1：发生中断
3	CSP_MANINT	0	R/W	来自 CSP 的手动中断产生 0：没有发生中断 1：发生中断
2	RF_IDLE	0	R/W	无线电状态机制进入空闲状态 0：没有发生中断 1：发生中断
1	TXDONE	0	R/W	发送一个完整的帧 0：没有发生中断 1：发生中断
0	TXACKDONE	0	R/W	完整地发送了一个确认帧 0：没有发生中断 1：发生中断

- RFIRQF1 寄存器的第 5～3 位主要负责判断与 CSP 指令相关操作的中断发生与否。如果相应位为 0，则无中断发生；如果相应的位为 1，则中断发生。
- RFIRQF1 寄存器的第 2 位主要负责判断无线电状态机制进入空闲状态中断发生与否。如果该位为 0，则无中断发生；如果该的位为 1，则中断发生。
- RFIRQF1 寄存器的第 1 位主要负责判断发送一个完整的帧之后是否产生中断。如果该位为 0，则无中断发生；如果相应的位为 1，则中断发生。
- RFIRQF1 寄存器的第 0 位主要负责判断发送一个完整的确认帧之后是否产生中断。如果该位为 0，则无中断发生；如果相应的位为 1，则中断发生。

RF 错误中断标志寄存器 RFIERRF 主要用于判断 RF 错误中断屏蔽寄存器 RFERRM 的相应位是否产生中断。具体配置如表 6-11 所示。

表 6-11 RF 错误中断标志寄存器 RFIERRF

位	名　称	复位	R/W	描　述
7	-	0	R0	保留
6	STROBEERR	0	R/W	命令选通无法被处理时产生中断 0：没有发生中断 1：发生中断
5	TXUNDERF	0	R/W	TXFIFO 下溢 0：没有发生中断 1：发生中断
4	TXOVERF	0	R/W	TXFIFO 上溢 0：没有发生中断 1：发生中断
3	RXUNDERF	0	R/W	RXFIFO 下溢 0：没有发生中断 1：发生中断
2	RXOVERF	0	R/W	RXFIFO 上溢 0：没有发生中断 1：发生中断
1	RXABO	0	R/W	接收一个帧被停止 0：没有发生中断 1：发生中断
0	NLOCK	0	R/W	频率合成器在接收期间超过或锁丢失后，完成锁失败 0：没有发生中断 1：发生中断

- RFIERRF 寄存器的第 6 位主要负责判断命令选通无法被处理时是否发生中断。当该位为 0 时，没有中断发生；当该位为 1 时，中断发生。
- RFIERRF 寄存器的第 5 位主要负责判断 TXFIFO 下溢中断是否产生。当该位为 0 时，没有中断发生；当该位为 1 时，中断发生。
- RFIERRF 寄存器的第 4 位主要负责判断 TXFIFO 上溢中断是否产生。当该位为 0 时，没有中断发生；当该位为 1 时，中断发生。

- RFIERRF 寄存器的第 3 位主要负责判断 RXFIFO 下溢中断是否产生。当该位为 0 时，没有中断发生；当该位为 1 时，中断发生。
- RFIERRF 寄存器的第 2 位主要负责判断 RXFIFO 上溢中断是否产生。当该位为 0 时，没有中断发生；当该位为 1 时，中断发生。
- RFIERRF 寄存器的第 1 位主要负责接收帧被停止接收时是否发生中断。当该位为 0 时，没有中断发生；当该位为 1 时，中断发生。
- RFIERRF 寄存器的第 0 位主要负责判断当频率合成器在接收期间超过或锁丢失后时是否发生中断。当该位为 0 时，没有中断发生；当该位为 1 时，中断发生。

6.4.6 信道设置寄存器

CC2530 无线发送和接收必须在一个信道上进行，所谓信道即数据传输通道。信道的设置是通过频率载波来实现的。频率载波可以通过寄存器 FREQCTRL 编程来实现。具体设置如表 6-12 所示。

表 6-12 RF 频率控制寄存器 FREQCTRL

位	名称	复位	R/W	描述
7	-	0	R0	保留
6～0	FREQ[6～0]	0x0B (2405MHz)	R/W	信道频率控制。 FREQ 中的频率字是 1394 的一个偏移量。设备支持的频率范围从 2394M ～ 2507MHz。FREQ 可用的设置 0～113 IEEE 802.15.4 指定的频率范围从 2405M～2480MHz，有 16 个通道，5MHz 步长。通道编号为 11～26。对于符合 IEEE 802.15.4—2006 的系统，唯一有效设置为 FREQ＝11＋通道号码－11

IEEE 802.15.4 指定了 16 个信道，编号为 11～26。16 个信道全部位于 2.4GHz 频段之内，步长为 5MHz，即每隔 5MHz 为一个信道。信道与载波频率之间的关系如式(6-1)所示。

$$f = 2405 + 5(k - 11) \quad k \in [11,26] \tag{6-1}$$

式中，k 的取值为信道编号，即 11～26。例如当信道的取值为 11 时，信道的频率为 2405MHz。其寄存器 FREQCTRL 的设置为 FREQCTRL.FREQ＝11＋5(k－11)。

以下示例将实现数据在传输过程中信道的选择与配置。CC2530 设备之间传输数据需要设置其信道，信道设置可以选择从 11～26 选择。比如选择 11 信道为数据传输的信道，其寄存器的具体设置如示例 6-6 所示。

【示例 6-6】 信道的选择

```
/*信道选择,选择 11 信道*
FREQCTRL = 0x0b;
```

6.5 寄存器的设置更新

寄存器的设置更新主要功能是从其默认值更新获得最佳性能值。其设置必须在 TX 和 RX 下都设置。其具体设置是通过一组寄存器的设置来实现的。具体设置如表 6-13 所示。

表 6-13　寄存器更新设置

寄存器名称	新的值(十六进制)	描　　述
AGCCTRL1	0x15	调整 AGC 目标值
TXFILTCFG	0x09	设置 TX 抗混叠过滤器以获得合适的带宽
FSCAL1	0x00	与默认值比较,降低 VCO 泄漏大约 3dB。推荐默认设置以获得最佳 EVM

以下示例将实现寄存器的设置更新。寄存器的设置更新在数据发送和接收的初始化代码中必须使用,其具体代码如示例 6-7 所示。

【示例 6-7】　寄存器的设置更新

```
/* 设置 TX 抗混叠过滤器以获得合适的带宽 */
TXFILTCFG = 0x09;
/* 调整 AGC 目标值 */
AGCCTRL1 = 0x15;
/* 获得最佳的 EVM */
FSCAL1 = 0x00;
```

6.6 命令选通

命令选通即 CSMA-CA 处理器(CSP)提供控制 CPU 和无线电之间的通信。CSP 的具体功能如下所述:

- CSP 通过 SFR 寄存器 RFST 及 XREG 寄存器与 CPU 进行通信。
- CSP 产生中断请求道 CPU。
- CSP 通过观测 MAC 定时器事件和 MAC 定时器进行通信。
- CSP 允许 CPU 发出命令选通到无线电,从而控制无线电操作。

CSP 有两种操作模式:一种是立即执行选通命令,一种是执行程序。两种工作方式的具体描述如下:

- 立即执行命令选通。此种工作模式被写作立即执行命令选通指令到 CSP,立即执行发给无线电模块。立即执行命令选通指令也只能用于控制 CSP。
- 执行程序。此种模式意味着 CSP 从程序存储器或指令存储器执行一系列指令,包括一个很短的用户定义程序。执行程序模式与 MAC 定时器允许 CSP 自动执行 CSMA-CA 算法,充当 CPU 的协处理器。

命令选通寄存器 RFST 寄存器设置如表 6-14 所示。

表 6-14 CSMA-CA 选通处理器 RFST 寄存器

位	名称	复位	R/W	描述
7～0	INSTR[7～0]	0XD0	R/W	写入该寄存器的数据被写到 CSP 指令存储器 读该寄存器返回当前执行的 CSP 指令

RFST 寄存器的设置是通过指令集的操作码来实现的。与 RFST 寄存器相关的指令集基本类型有 20 类，每条选通命令和立即选通指令可以分为 16 类子指令，这些指令给出有效的 42 类不同的指令。其中比较重要的指令主要由以下几种：ISRXON、ISFLUSHRX、ISRFOFF、ISTXON、ISFLUSHTX 等。

- ISRXON 操作码为 0xE3，其功能为 RX 使能并校准频率合成器。
- ISFLUSHRX 操作码为 0xED，其功能为清除 RXFIFO 缓冲器并复位解调器。
- ISRFOFF 操作码为 0xEF，其功能为禁用 RX/TX 和频率合成器。
- ISTXON 操作码为 0xE9，其功能为校准频率合成器之后使能 TX。
- ISFLUSHTX 操作码为 0xEE，其功能为清除 TXFIFO 缓冲区。

如果要实现以上功能，可以将 RFST 寄存器配置为相应的操作码即可。例如，实现 RX 使能并校准频率合成器以及清楚 RXFIFO 缓冲器并复位解调器。配置如示例 6-8 所示。

【示例 6-8】 RFST 寄存器的设置

```
/* RX 使能并校准频率合成器 */
RFST = 0xE3;
/* 清除 RXFIFO 缓冲器并复位解调器 */
RFST = 0xED;
```

6.7 定时器 2 和睡眠定时器

定时器 2 又称 MAC 定时器，主要用于为 802.15.4CSMA-CA 算法定时以及 802.15.4MAC 层提供一般的计时功能。睡眠定时器用于设置系统进入和退出低功耗睡眠模式之间的周期，且当系统进入低功耗睡眠模式时，维持定时器 2 的定时功能。

6.7.1 定时器 2

定时器 2 是一个 16 位定时器，一般与睡眠定时器一起使用，当与睡眠定时器一起使用时时钟必须设置为 32MHz，且必须使用外部的 32kHz 晶振后的精确结果。定时器 2 的主要特征如下：

- 16 位定时器正计数提供符号/帧周期。
- 可变周期可精度到 31.25ns。
- 2×16 位定时器比较功能。
- 24 位溢出计数。
- 2×24 位溢出计数比较功能。
- 帧首定界符捕捉功能。

- 定时器启动/停止同步于外部 32kHz 时钟以及睡眠定时器提供定时。
- 比较和溢出产生中断。
- 具有 DMA 触发功能。
- 通过引入延迟可调整定时器值。

定时器 2 有一些复用寄存器，使所有寄存器适应有限的 SFR 地址空间，这些寄存器被称为内部寄存器。内部寄存器如表 6-15 所示。可以通过 T2M0、T2M1、T2MOVF0、T2MOVF1 和 T2MOVF2 直接访问。

表 6-15　内部寄存器

寄存器名称	复　位	R/W	功　能
t2tim[15～0]	0x0000	R/W	保留 16 位正计数器
t2_cap[15～0]	0x0000	R	保存正计数器最后捕获的值
t2_per[15～0]	0x0000	R/W	保存正计数器的周期
t2_cmp1[15～0]	0x0000	R/W	保存正计数器的比较值 1
t2_cmp2[15～0]	0x0000	R/W	保存正计数器的比较值 2
t2ovf[23～0]	0x0000000	R/W	保存 24 位溢出计数器
t2ovf_cap[23～0]	0x0000000	R	保存溢出计数器最后捕获的值
t2ovf_per[23～0]	0x0000000	R/W	保存溢出计数器的周期
t2ovf_cmp1[23～0]	0x0000000	R/W	保存溢出计数器的比较值 1
t2ovf_cmp2[23～0]	0x0000000	R/W	保存溢出计数器的比较值 2

定时器 2 复用选择寄存器 T2MSEL 主要负责读内部寄存器保存的数值，具体配置如表 6-16 所示。

表 6-16　定时器 2 复用选择寄存器 T2MSEL

位	名　称	复位	R/W	描　述
7	--	0	R0	保留
6～4	T2MOVFSEL	0	R/W	读寄存器的值选择当访问 T2MOVF0. T2MOVF1 和 T2MOVF2 时修改或读的内部寄存器 000：t2ovf(溢出寄存器) 001：t2ovf_cap(溢出捕获) 010：t2ovf_per(溢出周期) 011：t2ovf_cmp1(溢出捕获 1) 100：t2ovf_cmp2(溢出捕获 2) 101-111：保留
3	--	0	R/W	保留读作 0
2～0	T2MSEL	0	R/W	该寄存器的值选择当访问 T2M0 和 T2M1 时修改或读的内部寄存器 000：t2tim(定时器计数值) 001：t2_cap(定时器捕获) 010：t2_per(定时器周期) 011：t2_cmp1(定时器比较 1) 100：t2_cmp2(定时器比较 2) 101-111：保留

- T2MSEL 寄存器的第 6～4 位负责读取、设置或修改内部寄存器 t2ovf、t2ovf_cap、t2ovf_per、t2ovf_cmp1、t2ovf_cmp2 等。
- T2MSEL 寄存器的第 2～0 位主要负责读取、设置或修改内部寄存器 t2tim、t2_cap、t2_per、t2_cmp1 和 t2_cmp2。

例如在设置定时器时，开启定时器比较模式 2，需要将定时器 2 的 T2MSEL 寄存器设置为定时器比较模式 2，即将 T2MSEL 寄存器的第 2～0 位设置为 100。其设置示例如示例 6-9 所示。

【示例 6-9】 开启定时器比较模式 2

```
/*开启定时器比较模式 2*/
T2MSEL |= 0xf4;
```

定时器 2 复用寄存器 0——T2M0 和定时器 2 复用寄存器 1——T2M1 负责设置定时器和计数器寄存器值的设置。在操作过程中根据 T2MSEL 寄存器设置的值来决定定时器和计数器的状态。定时器 2 复用寄存器 0——T2M0 和定时器 2 复用寄存器——T2M1 如表 6-17 和表 6-18 所示。

表 6-17 定时器 2 复用寄存器 0——T2M0

位	名称	复位	R/W	描　述
7～0	T2M0	0x00	R/W	根据 T2MSEL. T2MSEL 的值，直接返回/修改一个内部寄存器位[7：0]。当读 T2M0 寄存器，T2MSEL. T2MSEL 设置为 000，且 T2CTRL. LATCH_MODE 设置为 0，定时器值被锁定当读 T2M0 寄存器，T2MSEL. T2MSEL 设置为 000，且 T2CTRL. LATCH_MODE 设置为 1，定时器和溢出计数器值被锁定

表 6-18 定时器 2 复用寄存器 1——T2M1

位	名称	复位	R/W	描　述
7～0	T2M1	0x00	R/W	根据 T2MSEL. T2MSEL 的值，直接返回/修改一个内部寄存器位[15：8]。当读 T2M0 寄存器，T2MSEL. T2MSEL 设置为 000，且 T2CTRL. LATCH_MODE 设置为 0，定时器值被锁定 当读该寄存器，T2MSEL. T2MSEL 设置为 000，返回锁定值

以下示例将实现设置或载入寄存器 T2M0 和 T2M1 的溢出值，当计数器达到溢出值时会产生中断。其设置示例如示例 6-10 所示。

【示例 6-10】 设定溢出值

```
/*设定溢出值*/
#define vale 255
T2M1 = vale >> 8;
T2M0 = vale & 0xff;
```

定时器 2 控制寄存器 T2CTRL 主要功能是负责读取 T2M0 和 T2M1 寄存器的值、设置定时器 2 的状态以及选择启用和停止寄存器。定时器 2 控制寄存器 T2CTRL 如表 6-19 所示。

表 6-19 定时器 2 控制寄存器 T2CTRL

位	名 称	复位	R/W	描 述
7～4	--	0000	R0	保留
3	LATCH_MODE	0	R/W	0：读 T2M0，T2MSEL. T2MSEL=000 锁定定时器的高字节，使它准备好从 T2M1 读。读 T2MOVF0，T2MSEL. T2MOVFSEL=000 锁定溢出计数器的两个最高字节，使可以从 T2MOVF1 和 T2MOVF2 读它们 1：读 T2M0，T2MSEL=000 一次锁定定时器和整个溢出计数器，使可以从读 T2M1、T2MOVF1 和 T2MOVF2 值
2	STATE	0	R	定时器 2 的状态 0：定时器空闲 1：定时器运行
1	SYNC	1	R/W	0：启动和停止定时器是立即的，即和 clk_rf_32m 同步 1：启动和停止定时器在第一个正 32kHz 时钟边沿发生
0	RUN	0	R/W	写 1 启动定时器，写 0 停止定时器。读时，返回最后写入值

- T2CTRL 寄存器的第 3 位负责读取 T2M0 和 T2M1 寄存器的数值。
- T2CTRL 寄存器的第 2 位负责设置定时器 2 的状态。当设置为 0 时定时器 2 空闲；当设置为 1 时定时器 2 运行。
- T2CTRL 寄存器的第 1 位负责设置定时器 2 启动和停止的状态。当设置为 0 时，启动和停止定时器是立即的，同步 clk_rf_32m；当设置为 1 时，启动和停止定时器是在 32kHz 时钟边沿发生。
- T2CTRL 寄存器的第 0 位负责停止和启动定时器 2。当设置为 0 时停止定时器 2；当设置为 1 时启动定时器。

以下示例将实现使用 T2CTRL 寄存器开启定时器 2，T2CTRL 寄存器的第 0 位控制定时器 2 的开启与关闭，其详细配置如示例 6-11 所示。

【示例 6-11】 开启定时器 2

```
/*开启定时器 2*/
T2CTRL| = 0x01;
```

定时器 2 有 6 个中断标志位，即定时器 2 可以响应 6 个中断。定时器 2 的中断标志寄存器 T2IRQF 如表 6-20 所示。

表 6-20 定时器 2 中断标志寄存器 T2IRQF

位	名 称	复位	R/W	描 述
7～6	--	0	R0	保留
5	TIMER2_OVF_COMPARE2F	0	R/W	当定时器 2 溢出计数器到达定时器 2 t2ovf_cmp2 设置的值就设置

续表

位	名　称	复位	R/W	描　述
4	TIMER2_OVF _COMPARE1F	0	R/W	当定时器2溢出计数器到达定时器2 t2ovf_cmp1设置的值就设置
3	TIMER2_OVF _PERF	0	R/W	当定时器2溢出计数器到达定时器2 t2ovf_per设置的值就设置
2	TIMER2_OVF PARE2F	0	R/W	当定时器2溢出计数器到达定时器2 t2_cmp2设置的值就设置
1	TIMER2_CON PAREIF	0	R/W	当定时器2溢出计数器到达定时器2 t2_cmp1设置的值就设置
0	TIMER2_PERF	0	R/W	当定时器2溢出计数器到达定时器2 t2_per设置的值就设置

- T2IRQF寄存器的第5位为定时器2计数器t2ovf_cmp2溢出中断标志。如果为0，表示未发生中断；如果为1，表示发生中断。
- T2IRQF寄存器的第4位为定时器2计数器t2ovf_cmp1溢出中断标志。如果为0，表示未发生中断；如果为1，表示发生中断。
- T2IRQF寄存器的第3位为定时器2计数器t2ovf_per溢出中断标志。如果为0，表示未发生中断；如果为1，表示发生中断。
- T2IRQF寄存器的第2位为定时器2计数器t2_cmp2溢出中断标志。如果为0，表示未发生中断；如果为1，表示发生中断。
- T2IRQF寄存器的第1位为定时器2计数器t2_cmp1溢出中断标志。如果为0，表示未发生中断；如果为1，表示发生中断。
- T2IRQF寄存器的第0位为定时器2计数器t2_per溢出中断标志。如果为0，表示未发生中断；如果为1，表示发生中断。

定时器2的6个中断使能位由T2IRQM控制，T2IRQM6个中断使能位与T2IRQF的6个中断标志位相对应。定时器2中断控制寄存器T2IRQM如表6-21所示。

表6-21　定时器2中断控制寄存器T2IRQM

位	名　称	复位	R/W	描　述
7～6	--	0	R0	保留
5	TIMER2_OVF_ COMPARE2M	0	R/W	使能TIMER2_OVF_CONPARE2M中断
4	TIMER2_OVF_ COMPARE1M	0	R/W	使能TIMER2_OVF_CONPARE1M中断
3	TIMER2_OVF_PERM	0	R/W	使能TIMER2_OVF_PERM中断
2	TIMER2_COMPARE2M	0	R/W	使能TIMER2_CONPARE2M中断
1	TIMER2_COMPARE1M	0	R/W	使能TIMER2_CONPARE1M中断
0	TIMER2_PERM	0	R/W	使能TIMER2_PERM中断

T2IRQM寄存器在配置使能中断时，需要将相应的位置1；禁止中断时，将相应的位置0。例如使能TIMER2_OVF_COMPARE2M中断，需要将T2IRQM的第5位置1。具体配置

如示例 6-12 所示。

【示例 6-12】 使能 TIMER2_OVF_COMPARE2M 中断

```
/* 使能 TIMER2_OVF_COMPARE2M 中断 */
T2IRQM2|=0x20;
```

以下实例将实现定时器 2 溢出中断控制 LED 闪烁。主要分为三部分：定时器初始化函数、主函数和中断函数。

在定时器初始化函数首先对 LED 端口进行初始化，使用 LED1 和 LED2，初始化 LED 的状态为关闭状态。然后开启定时器溢出中断，开启定时器 2 中断和总中断。最后设定溢出值。具体代码如实例 6-1 定时器初始化函数 Initial 所示。

【实例 6-1】 Initial()

```
void Initial(void)
{
    /* 初始化 LED1 和 LED2 */
    P1SEL &= ~0x03;
    P1DIR = 0x03;
    P1_0 &= ~0x01;
    P1_1 &= ~0x02;
    /* 开启定时器 2 溢出中断 */
    T2IRQM = 0x04;
    /* 总中断使能 *
    EA = 1;
    /* 定时器 2 中断使能 */
    T2IE = 1;
    /* 开启定时器比较模式 2 */
    T2MSEL |= 0xf4;
    /* 设定溢出值 */
    T2M1 = vale >> 8;
    T2M0 = vale & 0xff;
}
```

主函数中调用初始化函数，点亮 LED、开启定时器 2 等待中断。判断中断标志位 TempFlag，当标志位 TempFlag 置 1，LED 状态发生改变。具体代码详见实例 6-1 main()。

【实例 6-1】 main()

```
void main()
{
    /* 调用初始化函数 */
    Initial();
    /* 点亮 LED1 */
    LED1 = 0;
    /* 关闭 LED2 */
    LED2 = 1;
    /* 开启定时器 2 */
    T2CTRL|=0x01;
    /* 等待中断 */
    while(1)
```

```
    {
      if(TempFlag)
      {
        led2 = !LED2;
        TempFlag = 0;
      }
```

当计数器达到溢出值后，将会发生溢出中断，溢出中断在中断函数中处理。在中断发生之后重新设定溢出值、清中断标志。等待中断发生200次时，标志位TempFlag置1。具体代码详见实例6-1 T2_ISR()。

【实例6-1】 T2_ISR()

```
#pragma vector = T2_VECTOR
__interrupt void T2_ISR(void)
{

    /*设定溢出值*/
    T2M1 = vale >> 8;
    T2M0 = vale & 0xff;
    /*清T2中断标志*/
    T2IRQF = 0;
    /*200次中断LED闪烁一轮*/
    if(counter<200)counter++;
    else
    {
      /*计数清零*/
      counter = 0;
      /*改变闪烁标志*/
      TempFlag = 1;
    }
}
```

头文件定义了溢出次数counter、标志位TempFlag()、溢出值和LED端口。具体定义如示例6-1“头文件”所示。

【实例6-1】 头文件

```
#include<ioCC2530.h>
#define uint unsigned int
#define uchar unsigned char
/*统计溢出次数*/
uint counter=0;
/*用来标志是否要闪烁*/
uchar TempFlag;
/*设定溢出值*/
#define vale   255
/*LED的定义*/
#define lED1 P1_0
#define lED2 P1_1
```

6.7.2 睡眠定时器

睡眠定时器是一个具有定时、计数功能的 24 位定时器。运行在 32kHz 的时钟频率，主要用于设置系统进入和退出低功耗睡眠模式之间的周期。另外睡眠定时器还用于当进入低功耗睡眠模式时，维持定时器 2 的定时。

睡眠定时器有以下几个功能：

- 具有 24 位的定时、计数功能。
- 具有中断和 DMA 触发功能。
- 具有 24 位的比较、捕获功能。

本节主要讲解睡眠定时器的定时比较功能。当睡眠定时器的处于定时比较功能时，即定时器的值等于 24 位比较器的值时，就发生一次定时器比较。此时定时比较通过写入寄存器 ST2、ST1 和 ST0 来设置。

ST2、ST1 和 ST0 主要用来设置休眠定时器计数比较值，其主要设置分别如表 6-22、表 6-23 和表 6-24 所示。

表 6-22 休眠定时器 2-ST2

位	名称	复位	R/W	描 述
7～0	ST2[7:0]	0x00	R/W	休眠定时器计数/比较值。当读取时，该寄存器返回休眠定时器的高位[23:16]。当写该寄存器的时候，写入比较值的高位[23:16]。在读寄存器 ST0 的时候值，读取此寄存器的操作是锁定的。当写 ST0 的时候写该值时，写此寄存器的操作是锁定的

表 6-23 休眠定时器 2-ST1

位	名称	复位	R/W	描 述
7～6	--	0	R0	休眠定时器计数/比较值。当读取时，该寄存器返回休眠定时器的中间位[15:8]。当写该寄存器的时候，写入比较值的中间位[15:8]。在该寄存器 ST0 的时候值，读取此寄存器的操作是锁定的。当写 ST0 的时候写该值时，写此寄存器的操作是锁定的

表 6-24 休眠定时器 2-ST0

位	名称	复位	R/W	描 述
7～6	--	0	R0	休眠定时器计数/比较值。当读取时，该寄存器返回休眠定时器的低位[7:0]。当写该寄存器的时候，写入比较值的低位[7:0]。写该寄存器一般被忽略，除非 STLOAD. LDRDY 为 1

睡眠定时器加载状态寄存器 STLOAD 主要功能用于写入 ST0 寄存器加载新的比较值。当 STLOAD 寄存器的第 0 位设置为 1 时，即加载 ST0 寄存器的更新值。其具体设置如表 6-25 所示。

表 6-25 睡眠定时器加载状态寄存器 STLOAD

位	名称	复位	R/W	描述
7～1	--	0000000	R0	保留
0	LDRDY	1	R	加载准备好，当睡眠定时器加载 24 位比较值时，该位是 0；当睡眠定时器准备好开始加载一个新的比较值时，该位是 1

6.8 数据的发送和接收

CC2530 无线射频的主要功能是实现数据的发送和接收，本节将通过实例实现数据的发送和接收。

无论是数据的发送和接收都需要对无线射频部分进行初始化。初始化的具体过程如实例 6-2 所示。

- 使能 AUTO_ACK：通过设置 FRMCTRL0 寄存器来设置硬件 CRC 和 AUTO_ACK 使能。使接收端收到信息后自动发送确认帧。
- 寄存器设置更新：寄存器更新设置发送的抗混叠过滤器以获得合适的带宽、掉证 AGC 目标值以及获得最佳的 EVM。
- 中断使能：设置接收中断使能，RF 中断使能以及总中断 EA 使能。
- 设置数据传输信道：设置数据传输信道为 11 信道。
- 设置地址信息：设置源地址信息和目的地址信息，即设定发送数据节点的地址和接收数据节点的地址。
- CSMA-CA 选通器设置：清除 RXFIFO 缓冲区并复位解调器，为 RX 使能并校准频率合成器。

具体实现代码如实例 6-2 rf_init()所示。

【实例 6-2】 rf_init( )

```
void rf_init()
{
    /* 硬件 CRC 以及 AUTO_ACK 使能 */
    FRMCTRL0 |= (0x20 | 0x40);
    /* 设置 TX 抗混叠过滤器以获得合适的带宽 */
    TXFILTCFG = 0x09;
    /* 调整 AGC 目标值 */
    AGCCTRL1 = 0x15;
    /* 获得最佳的 EVM */
    FSCAL1 = 0x00;
    /* RXPKTDONE 中断位使能 */
    RFIRQM0 |= (1<<6);
    /* RF 中断使能 */
    IEN2 |= (1<<0);
    /* 开中断 */
    EA = 1;
```

```
    /* 信道选择,选择 11 信道 */
    FREQCTRL = 0x0b;
    /* 目标地址过滤期间使用的短地址 */
    SHORT_ADDR0 = 0x05;
    SHORT_ADDR1 = 0x00;
    /* 目标地址过滤期间使用的 PANID */
    PAN_ID0 = 0x22;
    PAN_ID1 = 0x00;
    /* 清除 RXFIFO 缓冲区并复位解调器 */
    RFST = 0xed;
    /* 为 RX 使能并校准频率合成器 */
    RFST = 0xe3;
    /* 禁止帧过滤 */
    FRMFILT0 &= ~(1<<0);
}
```

主函数中除了对整个系统进行初始化之外,还进行数据发送和接收的设置。

初始化:在主函数中调用串口初始化函数对串口进行初始化,初始化 LED。设置时钟频率为 32MHz。调用 RF 初始化函数 rf_init()对 RF 进行初始化。最后打开中断等待发送或接收中断。

数据发送/接收的设置:通过判断是否定义 RX 来决定是否调用发送函数 tx()。如果没有定义 RX,则调用 tx()来发送数据。如果定义了 RX,则进入接收中断进行数据接收处理。

主函数的具体实现如实例 6-2 main()所示。

【实例 6-2】 main()

```
void main(void)
{
    /* 调用串口初始化函数 */
    initUARTtest();
    /* P1 为普通 I/O 口 */
    P1SEL  &= ~(1<<0);
    /* P1.0  P1.1 设置为输出 */
    P1DIR |= 0x03;
    /* 关闭 LED1 */
    LED1 = 0;
    /* 关闭 LED2 */
    LED2 = 0;
    /* 关闭总中断 */
    EA = 0;
    /* 设置时钟频率为 32M */
    SLEEPCMD &= ~0x04;
    /* 等待时钟稳定 */
    while(!(SLEEPSTA & 0x40));
    CLKCONCMD &= ~0x47;
    SLEEPCMD |= 0x04;
    /* 初始化 RF */
    rf_init();
```

```
    /*中断使能*/
    EA = 1;
    /*发送或等待接收中断*/
    while(1)
    {
        /*宏定义 RX*/
         #ifndef RX
         /*如果没有定义 RX,开始发送*/
         tx();
         /*延时*/
          Delay(200);
         /*如果定义 RX,等待接收中断*/
         # else
         /*UartTX_Send_String(buf,len);*/
         #endif
    }
}
```

6.8.1 数据的发送

数据的发送是通过调用数据发送函数 tx()实现的。在数据发送函数中首先声明了要发送的数据 QST。然后设置发送状态。

在设置发送状态过程中,首先开启发送状态,然后禁止接收中断,最后清除发送区缓存。在发送过程中首先设置发送数据帧长度,然后将发送数据写入 RFD 进行数据发送。具体代码实现如实例 6-2 tx()所示。

【实例 6-2】 tx()

```
void tx()
{
     unsigned char i;
     unsigned char mac[] = "QST";
    /*为 RX 使能并校准频率合成器*/
    RFST = 0xe3;
     /*开启发送状态*/
    while (FSMSTAT1 & ((1<<1) | (1<<5)));
     /*禁止 RXPKTDONE 中断*/
    RFIRQM0 &= ~(1<<6);
    /*禁止 RF 中断*/
    IEN2 &= ~(1<<0);
    /*清除发送区缓存*/
    RFST = 0xee;
    /*清除 TXDONE 中断 */
    RFIRQF1 = ~(1<<1);
     /*传输的帧长度*/
     RFD = 6;
     /*将 mac 的内容写到 RFD 中*/
     for(i=0;i<4;i++)
     {
```

```
        RFD = mac[i];
      }
    /* 打开 RX 中断 */
    RFIRQM0 |= (1<<6);
    /* 打开 RF 中断 */
    IEN2 |= (1<<0);
    /* ISTXON */
    RFST = 0xe9;
     /* 等待传输结束 */
     while (!(RFIRQF1 & (1<<1)));
     /* 清除 TXDONE 状态 */
     RFIRQF1 = ~(1<<1);
    /* LED1 灯状态改变 */
    LED1 = ~LED1;
    /* 调用延时函数 *
    Delay(200);
}
```

6.8.2 数据的接收

数据的接收是在接收中断函数中处理的。接收中断发生后进入接收中断函数，在中断函数首次关中断，等到接收结束之后，读取数据帧长度。将数据写入 buf，通过串口输出。具体实现代码如实例 6-2 rf_isr()所示。

【实例 6-2】 rf_isr()

```
#pragma vector = RF_VECTOR
__interrupt void rf_isr(void)
{
    unsigned char  i;
    /* 关中断 *//
    EA = 0;
    /* 接收帧结束 */
    (RFIRQF0 & (1<<6))
    {
        /* 接收帧长度 */
        len = RFD;
        len &= 0x7f;
        /* 将接收的数据写入 buf 中 */
        for (i = 0; i < len; i++)
        {
            buf[i] = RFD;
            Delay(200);
        }
        /* 清 RF 中断 */
        S1CON = 0;
        /* 清 RXPKTDONE 中断  */
        RFIRQF0 &= ~(1<<6);
        /* LED1 等状态改变 */
```

```
        LED1 = ～LED1;
        UartTX_Send_String(buf,len);
    }
    EA = 1;
}
```

6.8.3 工程设置

实例 6-2 在实现过程中在主函数中数据的发送和接收是通过编译选项的不同来区分发送或接收。本节将详细讲解编译选项的设置。

程序编译成功之后,单击菜单栏 Project→Edit Configurations 命令,如图 6-3 所示。

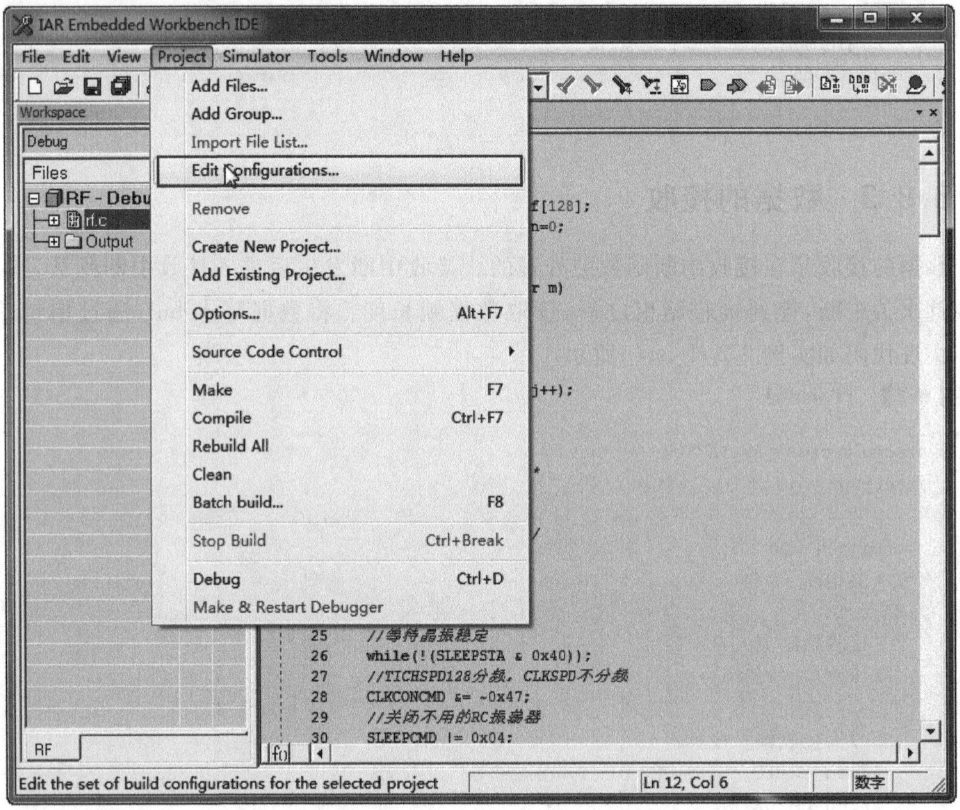

图 6-3 编辑选项

单击 Edit Configurations 命令之后弹出 Configurations for "RF"对话框,在对话框中单击 New 按钮添加新的选项,如图 6-4 所示。

在 New Configuration 对话框中可以添加用户需要的选项。本实例需要添加"发送 TX 或接收 RX"选项。例如添加 TX,在 Name 文本框中输入 TX,单击 OK 按钮进行添加,如图 6-5 所示。

TX 选项添加完成之后,在 Configurations for "RF"对话框中会看到 TX 选项。如图 6-6 所示。

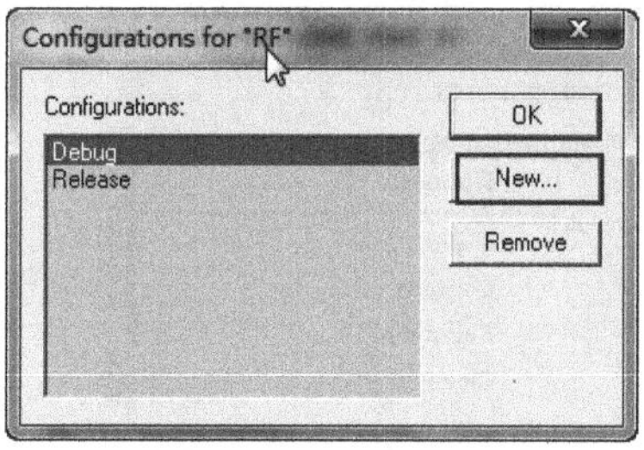

图 6-4 添加新选项

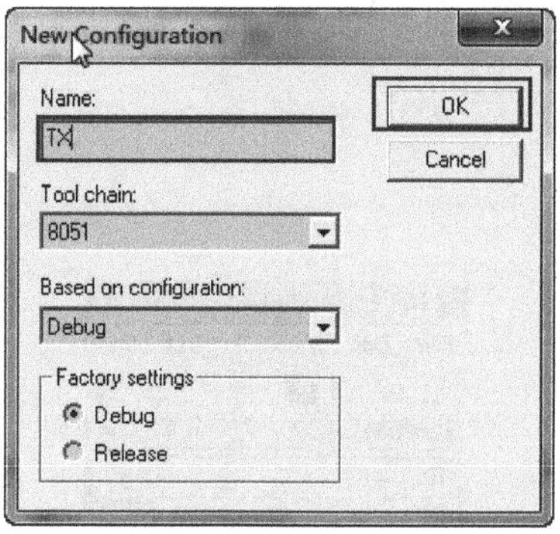

图 6-5 添加 TX

以同样的方式添加 RX 选项，在 TX 和 RX 选项添加完成之后，删除多余选项。在本例中可以将 Release 选项删除。选中 Release 选项后单击 Remove 按钮进行删除，如图 6-7 所示。

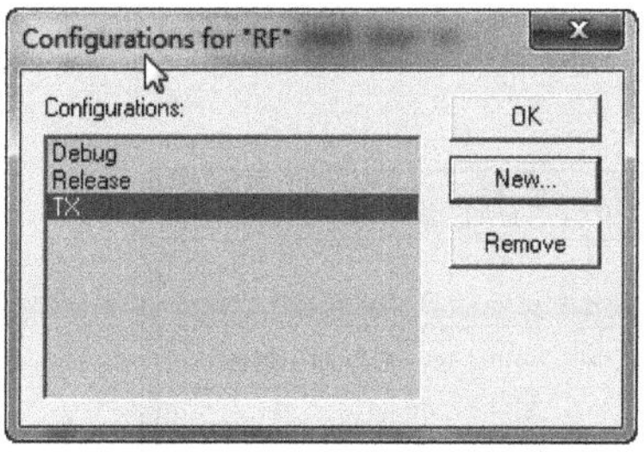

图 6-6 添加 TX 成功

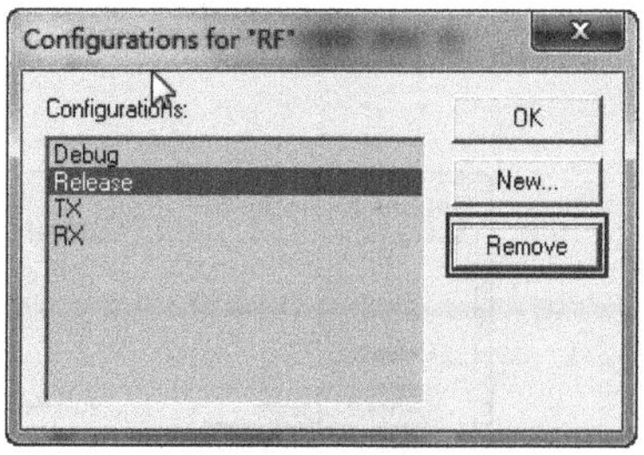

图 6-7 删除 Release 选项

删除后弹出确认删除的对话框，单击"是"按钮，如图 6-8 所示。

图 6-8 确定删除

选项添加完成之后，需要对相应的选项添加宏定义。宏定义的添加过程如下所述。单击 Workspace 区域的下拉菜单，会出现用户添加的选项，在本例中选中 RX 选项，如图 6-9 所示。

选中 RX 选项之后，右击工程 RF-RX，选择 Options 命令，进行选项设置，如图 6-10 所示。

在 Options for node "RF" 对话框中选择 C/C++ Compiler→Preprocessor→Defined symbols 选项，定义 RX，单击 OK 按钮完成 RX 宏定义。

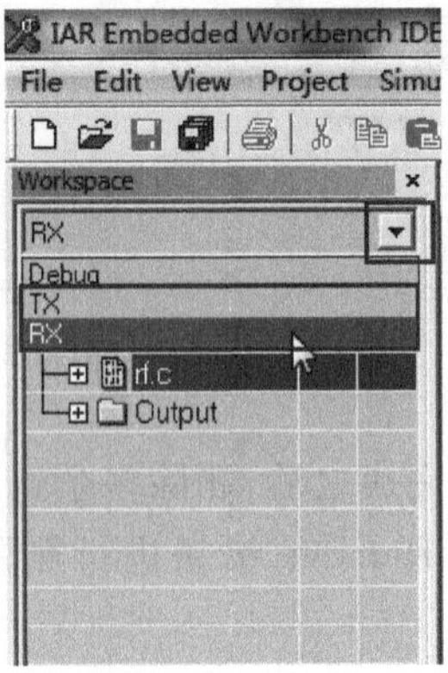

图 6-9　选择选项

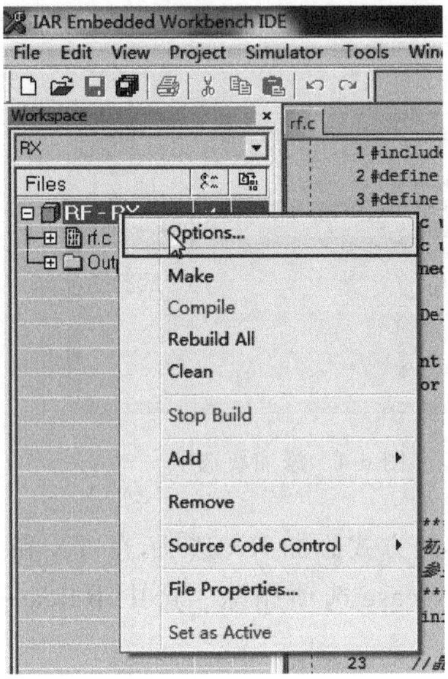

图 6-10　打开 Options...选项

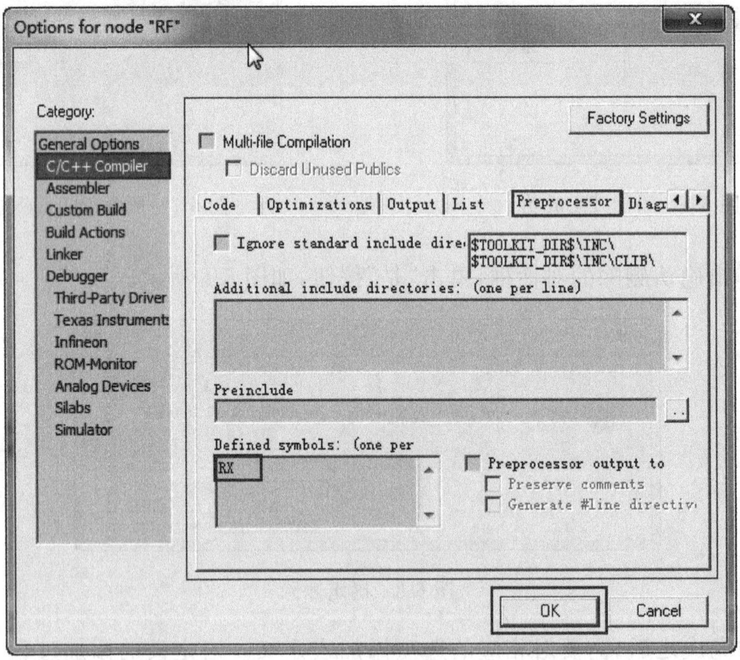

图 6-11　添加 RX 宏定义

此时在工程的下拉列表框中，选择 TX 编译程序，将程序下载至发送节点；选择 RX 编译程序，将程序下载至接收节点。并将接收节点与 PC 通过串口线连接在一起。打开串口调试助手，接收节点将接收到的数据通过串口发送至 PC，实验现象如图 6-12 所示。

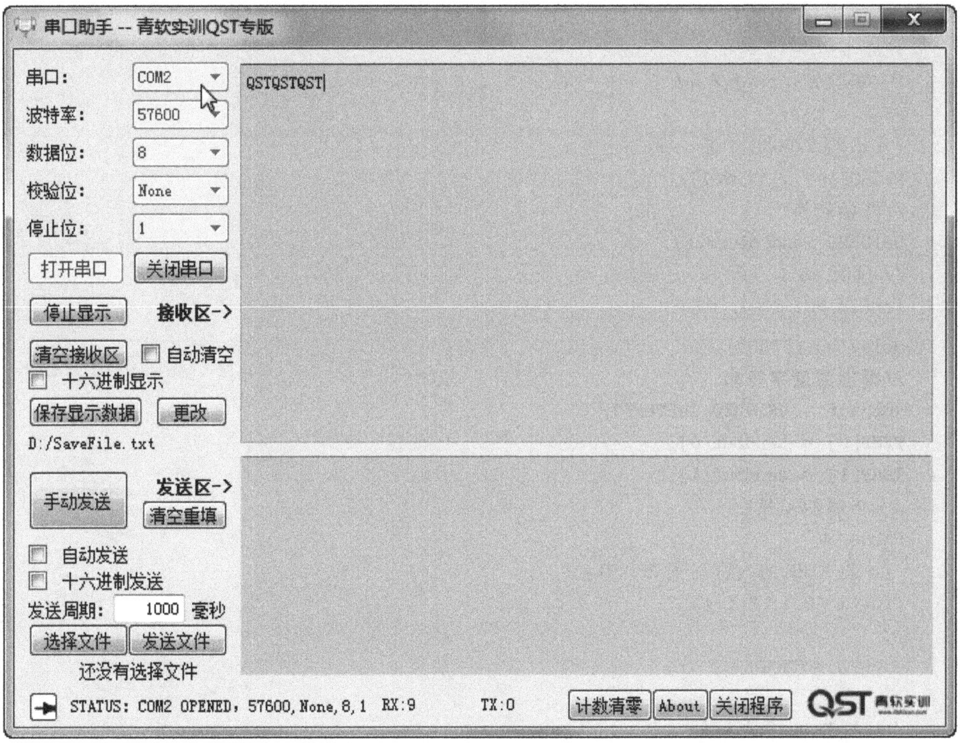

图 6-12 实验现象

6.9 贯穿项目实现

以下将实现贯穿项目：信息采集节点将采集的传感信息通过无线传输至接收节点，接收节点接收到信息后通过串口传输至 PC。以采集温度信息为例，温度信息通过 DS18B20 采集。DS18B20 采集温度信息的具体过程详见 4.8 节。温度信息采集完成后在发送节点的发送函数中读取温度信息。并存放在 TEMP 中。然后通过无线发送至接收节点。发送函数如实例 6-3 所示。

【实例 6-3】 tx_temp()

```
void tx_temp()
{
     unsigned char i;
     unsigned char * sendbuf;
     unsigned char TEMP[2];
    /* 为 RX 使能并校准频率合成器 */
    RFST = 0xe3;
     /* 开启发送状态 */
    while (FSMSTAT1 & ((1 << 1) | (1 << 5)));
     /* 禁止 RXPKTDONE 中断 */
    RFIRQM0 &= ~(1 << 6);
```

```
    /＊禁止 RF 中断＊/
    IEN2 &= ～(1≪0);
    /＊清除发送区缓存＊/
    RFST = 0xee;
    /＊清除 TXDONE 中断 ＊/
    RFIRQF1 = ～(1≪1);
    //开始转换
    DS18B20_SendConvert();
    // 延时 1S
    for(i=20; i>0; i--)
    delay_nμs(50000);
    //得出温度字符串
    sendbuf = DS18B20_GetTem();
    TEMP[0] = sendbuf[0];
    TEMP[1] = sendbuf[1];
    /＊传输的帧长度＊/
    RFD = 4;
     /＊将 TEMP 的内容写到 RFD 中＊/
     for(i=0;i<2;i++)
     {
       RFD = TEMP[i];
     }
    /＊ 打开 RX 中断＊/
    RFIRQM0 |= (1≪6);
    /＊打开 RF 中断＊/
    IEN2 |= (1≪0);
    /＊ISTXON＊/
    RFST = 0xe9;
     /＊等待传输结束＊/
     while (!(RFIRQF1 & (1≪1)));
     /＊清除 TXDONE 状态＊/
     RFIRQF1 = ～(1≪1);
    /＊LED1 灯状态改变＊/
    LED1 = ～LED1;
    /＊调用延时函数＊
    Delay(200);

}
```

数据的接收是在接收中断函数中处理的。接收中断发生后进入接收中断函数，在中断函数首次关中断，等到接收结束之后，读取数据帧长度。将数据写入 buf，通过串口输出。具体实现代码如实例 6-4rf_isr()所示。

【实例 6-4】 rf_isr()

```
#pragma vector = RF_VECTOR
__interrupt void rf_isr(void)
{
    unsigned char  i;
    /＊关中断＊//
```

```
    EA = 0;
    /*接收帧结束*/
    (RFIRQF0 & (1<<6))
    {
        /*接收帧长度*/
        len = RFD;
        len &= 0x7f;
        /*将接收的数据写入 buf 中*/
        for (i = 0; i < len; i++)
        {
            buf[i] = RFD;
            Delay(200);
        }
        /*清 RF 中断*/
        S1CON = 0;
        /*清 RXPKTDONE 中断 */
        RFIRQF0 &= ~(1<<6);
        /*LED1 等状态改变*/
        LED1 = ~LED1;
        UartTX_Send_String(buf,len);
    }
    EA = 1;
}
```

本章总结

小结

- CC2530 的无线射频 RF 内核包括以下几个部分：FSM 子模块控制、调制/解调器、帧过滤和源匹配、频率合成器、命令选通处理器、无线电 RAM 和定时器 2（MAC 定时器）。
- 数据帧格式分为发送数据帧格式和接收数据帧格式。
- CC2530 的发送数据帧格式由 3 部分组成：同步头、帧载荷和帧尾。
- 确认帧帧结构由 5 部分组成：确认帧的帧引导序列、帧开始界定符、帧长度、MAC 数据帧头和帧尾组成。
- RXFIFO 可以保存一个或多个收到的帧，但是总的字节数不能多于 128B。
- RFD 寄存器用于数据发送或接收过程中对数据缓存，当把要发送的数据写入此寄存器即将数据写入 TXFIFO。
- 帧过滤寄存器有两个，分别是帧过滤寄存器 FRMFILT0 和 FRMFILT1。
- CC2530 无线发送和接收必须在一个信道上进行。
- 寄存器的设置更新主要功能是从其默认值更新获得最佳性能的值。
- 定时器 2 又称 MAC 定时器，主要用于为 802.15.4CSMA-CA 算法定时以及 802.15.4MAC 层提供一般的计时功能。

- 睡眠定时器用于设置系统进入和退出低功耗睡眠模式之间的周期，且当系统进入低功耗睡眠模式时，维持定时器 2 的定时功能。

Q&A

问题：为什么发送的数据帧定义的数据帧长度要比实际的帧长度多 2 个字节？

回答：对 RFD 寄存器定义的帧长度为“实际发送数据帧长度＋帧尾域部分”。帧尾部分占 2 个字节，因此 RFD 对 RFD 寄存器定义的帧长度比实际的帧长度多 2 个字节。

章节练习

习题

1. CC2530 的发送数据帧格式由三部分组成：________、________和________。
2. 确认帧帧结构由 5 部分组成________、________、________、________和________。
3. RXFIFO 可以保存一个或多个收到的帧，但是总的字节数不能多于________。
4. 定义一个字符串数组，将此数组写入 RFD。
5. 根据表 6-26 设置接收过程中硬件 CRC 校验和 AUTO_ACK。

表 6-26　FRMCTRL0 寄存器

位	名　称	复位	R/W	描　述
7	APPEND_DATA_MODE	0	R/W	当 AUTOCRC＝1 时，该位设置如下： 0：RSSI＋CRC_OK 位和 7 位相关值附加到每个收到帧的末尾 1：RSSI＋CRC_OK 位 SRCRESINDEX 附加到每个收到帧的末尾
6	AUTOCRC	1	R/W	在 TX 中 1：硬件检查一个 CRC-16，并添加到发送帧。不需要写最后 2 个字节到 TXBUF 0：没有 CRC-16 附加到帧。帧的最后两个字节必须手动产生并写入 TXBUF(如果没有发生 TX 下溢) 在 RX 中： 1：硬件检查一个 CRC-16，并以一个 16 位状态字寄存器代替 RX_FIFO，包括一个 CRC_OK 位。状态字可通过 APPEND_DATA_MODE 控制 0：帧的最后 2 个字节(CRC-16 域)存储在 RXFIFO，CRC 校验(如果有必须手动完成)
5	AUTOACK	0	R/W	定义无线电是否自动发送确认帧 0：AUTOACK 禁用 1：AUTOACK 使能

续表

位	名　称	复位	R/W	描　述
4	ENERGY_SCAN	0	R/W	定义 RSSI 寄存器是否包括自能量扫描使能以来最新的信号强度或峰值信号强度 0：最新的信号强度 1：峰值信号强度
3～0	RX_MODE[1～0]	00	R/W	设置 RX 模式 00：一般模式，使用 RXFIFO 01：保留 10：RXFIFO 循环忽略 RXFIFO 的溢出，无限接收 11：和一般模式一样，除了禁用符号搜索。当不用于找到符号可以用于测量 RSSI 或 CCA
1～0	TX_MODE[1～0]	00	R/W	设置 TX 的测试模式 00：一般操作，发送 TXFIFO 01：保留，不能使用 10：TXFIFO 循环忽略 TXFIFO 的溢出和读循环，无限发送 11：发送来自 CRC 的伪随机数，无限发送

附录A CC2530指令集

A.1 指令集概述

指令集的目的是总结和定义指令操作码。CC2530 指令集如表 A-1 所示。每个指令包括一个字节,可以写入 RFST 寄存器,存储在指令寄存器中。程序中不建议使用“立即选通指令”(比如 ISXXX)。因为当这些指令写入 RFST 寄存器,将被立即执行。此时如果 CPU 正在执行了一个程序,那么当前指令被延迟,直到“立即选通指令”执行完毕。对于未定义的操作码,CSP 的行为定义为无操作选通命令(SNOP)。

表 A-1 指令集综述

助记符	7	6	5	4	3	2	1	0	描　述
SKIP<C>,<S>	0	S2	S1	S0	N	C2	C1	C0	条件 C 下跳过 S 指令。当条件(C XOR N)为真,跳过下一条 S 指令,或者执行下一条指令。如果 S=0,重新执行条件跳转(即忙碌循环条件为假)。跳过命令缓冲区的最后一条指令导致暗示一个 STOP 命令。其中条件为: C=0:CCA 真 C=1:收到同步字,仍然接收数据包或发送同步字,仍然发送数据包(找到 SFD,帧尚未结束) C=2:MCU 控制位是 1。 C=3:命令缓冲区为空 C=4:寄存器 X=0 C=5:寄存器 Y=0 C=6:寄存器 Z=0 C=7:RSSI_VALID=1
WAIT <W>	1	0	0	W4	W3	W2	W1	W0	等待 MAC 溢出 W 次。等待直到 MAC 定时器已经溢出了 W 次(W=0 等待 32 次),然后继续执行。当继续执行产生一个 IRQ_CSP_WAIT 中断请求
RPT<C>	1	0	1	0	N	C2	C1	C0	当条件 C 时重复循环。如果条件 C 为真,去最后的 LABLE 指令后面的指令(地址在循环开始寄存器); 如果条件为假或没有执行 LABLE 指令,去下一条指令

续表

助记符	7	6	5	4	3	2	1	0	描　述
WEVENT1	1	0	1	1	1	0	0	0	等待 mact_event1 变为高，然后继续执行
WEVENT2	1	0	1	1	1	0	0	1	等待 mact_event2 变为高，然后继续执行
INT	1	0	1	1	1	0	1	0	产生一个 IRQ_CSP_MANINT。发出一个 IRQ_CSP_MANINT 中断请求
LABLE	1	0	1	1	1	0	1	1	设置下一条指令为重复循环的开始。将下一条指令的地址放到循环开始寄存器
WAITX	1	0	1	1	1	1	0	0	等待 MAC 溢出[X]次，[X]是寄存器 X 的值。每次检测到一个 MAC 定时器溢出，X 递减。只要 X=0 继续执行。(如果指令运行时 X=0，不执行等待，直接继续执行)当继续执行产生一个 IRQ_CSP_WAIT 中断请求
RANDXY	1	0	1	1	1	1	0	1	随机值加载到寄存器 X[Y]LSB
SETCMP1	1	0	1	1	1	1	1	0	设置输出 csp_mact_setcmp1 为高。这设置 MAC 定时器的比较值为当前定时器值
INCX	1	1	0	0	0	0	0	0	增加寄存器 X
INCY	1	1	0	0	0	0	0	1	增加寄存器 Y
INCZ	1	1	0	0	0	0	1	0	增加寄存器 Z
DECX	1	1	0	0	0	0	1	1	递减寄存器 X
DECY	1	1	0	0	0	1	0	0	递减寄存器 Y
DECZ	1	1	0	0	0	1	0	1	递减寄存器 Z
INCMAXY <M>	1	1	0	0	1	M2	M1	M0	执行命令选通 S。发送命令选通 S 到 FFCTRL。支持多达 32 个命令选通。除了一般的命令选通，支持只能用于命令选通处理器的两个额外的命令选通： SNOP：无操作 SSTOP：停止命令选通处理器执行，使任一设置的标签无效。发出一个 IRQ_CSP_STOP 中断请求
ISXXX	1	1	1	0	S3	S2	S1	S0	立即执行命令选通 S。立即发送命令选通 S 到 FFCTRL，绕过命令缓冲区中的指令。如果当前缓冲区指令是一个选通，它被延迟。除了一般的命令选通，支持只能用于命令选通处理器的两个额外的命令选通： ISSTART：命令选通处理器从命令缓冲区里的第一条指令开始执行 ISSTOP：停止命令选通处理器执行，使任一设置的标签无效。发出一个 IRQ_CSP_STOP 中断请求

A.2 CC2530 指令集定义

指令的基本类型有 20 类。每条选通命令和立即选通指令可以分为 16 类子指令，这些子指令给出有效的 46 类不同的指令。下面详细描述了每个指令。本节使用以下定义：

- PC=CSP 程序计数器。
- X=RF 寄存器 CSPX。
- Y=RF 寄存器 CSPY。
- Z=RF 寄存器 CSPZ。
- T=RF 寄存器 CSPT。

指令的详细描述如表 A-2～表 A-47 所示。

表 A-2 指令 DECZ

名称	DECZ	描 述
功能	递减 Z	Z 寄存器被减 1，原始值是 0x00 下溢到 0xFF
操作	Z=Z-1	
操作码	0xC5	

表 A-3 指令 DECY

名称	DECY	描 述
功能	递减 Y	Y 寄存器被减 1。原始值是 0x00 下溢到 0xFF
操作	Y=Y−1	
操作码	0xC4	

表 A-4 指令 DECX

名称	DECX	描 述
功能	递减 X	X 寄存器被减 1。原始值是 0x00 下溢到 0xFF
操作	X=X−1	
操作码	0xC3	

表 A-5 指令 INCZ

名称	INCZ	描 述
功能	增加 Z	Z 寄存器被加 1。原始值 0xFF 上溢到 0x00
操作	Z=Z+1	
操作码	0xC2	

表 A-6 指令 INCY

名称	INCY	描 述
功能	增加 Y	Y 寄存器被加 1。原始值 0xFF 上溢到 0x00
操作	Y=Y+1	
操作码	0Xc1	

表 A-7 指令 INCX

名称	INCX	描　述
功能	增加 X	X 寄存器被加 1。原始值 0xFF 上溢到 0x00
操作	X=X+1	
操作码	0Xc0	

表 A-8 指令 INCMAXY

名称	INCMAXY	描　述
功能	增加 Y 不能大于 M	如果结果小于 M,Y 寄存器被加 1；否则 Y 寄存器载入值 M
操作	Y=min(Y+1,M)	
操作码	0xC8|M (M=0−7)	

表 A-9 指令 RANDXY

名称	RANDXY	描　述
功能	加载随机值到 X	随机值加载到 X 寄存器的[Y]LSB。注意如果两个 RANDXY 指令连续发出,在两个指令中都使用同样的随机值。如果 Y 等于零或大于 7,那么加载一个 8 位的随机值到 X
操作	X[Y-1：0] = RNG_DOUT [Y-1:0],X[7：Y]：=0	
操作码	0xBD	

表 A-10 指令 INT

名称	INT	描　述
功能	中断	当执行该指令时声明中断 IRQ_CSP_INT
操作	IRQ_CSP_INT=1	
操作码	0xBA	

表 A-11 指令 WAITX

名称	WAITX	描　述
功能	等待 MAC 定时器溢出	等待 MAC 定时器溢出[X]次,[X]是寄存器 X 的值。每次检测到一次 MAC 定时器溢出,寄存器 X 的值就递减。只要 X=0,程序继续执行(当指令运行时如果 X=0,不执行等待,直接继续执行)。当继续执行产生一个 IRQ_CSP_WAIT 中断请求。注意：比起 WAITW,区别是 W 是固定值,而 X 是寄存器值(有可能被改变,这样 WAITX 指令运行时溢出的次数实际上不对应 X 的值)
操作	当 MAC 定时器溢出 = true,X=X−1；当 X>0,PC=PC；当 X=0；PC=PC+1	
操作码	0xBC	

表 A-12 指令 SETCMP1

名称	SETCMP1	描　述
功能	设置 MAC 定时器的比较值为当前定时器值	设置 MAC 定时器的比较值为当前定时器值
操作	Csp_mact_setcmp1 =1	
操作码	0xBE	

表 A-13　指令 WAIT W

名称	WAIT W	描　述
功能	等待 W 次 MAC 定时器溢出	等待直到 MAC 定时器溢出次数等于值 W。如果 W=0,指令等待 32 次溢出。程序继续执行下一条指令,当等待条件为真,声明中断标志 IRQ_CSP_WT
操作	当 MAC 定时器溢出次数=true<W,PC=PC。当 MAC 定时器溢出次数=true=W,PC=PC+1	
操作码	0x80 | W (W = 0−31)	

表 A-14　指令 WEVENT1

名称	WEVENT1	描　述
功能	等待直到 MAC 定时器事件 1	等待直到下一个 MAC 定时器事件。当等待条件为真程序继续执行下一条指令
操作	当 MAC 定时器比较=false;PC=PC。当 MAC 定时器比较=true;PC=PC+1	
操作码	0xB8	

表 A-15　指令 WEVENT2

名称	WEVENT2	描　述
功能	等待直到 MAC 定时器事件 2	等待直到下一个 MAC 定时器事件。当等待条件为真程序继续执行下一条指令
操作	当 MAC 定时器比较=false;PC=PC。当 MAC 定时器比较=true;PC=PC+1	
操作码	0xB9	

表 A-16　指令 LABLE

名称	LABLE	描　述
功能	设置循环标签	设置下一条指令为循环的开始。如果当前指令是指令存储器的最后一条指令,那么当前 PC 设置为循环的开始。如果执行若干标签指令,执行的最后一个标签是活跃的标签。前面的标签被移除,意味着只支持一个级别的循环
操作	LABEL:=PC+1	
操作码	0xBB	

表 A-17　指令 RPT C

名称	RPT C	描　述
功能	条件重复	如果条件 C 为真,那么跳到最后一个 LABLE 指令定义的指令,即跳到循环的开始。如果条件或一个 LABLE 指令尚未执行,那么从下一条指令继续执行。条件 C 可以通过设置 N=1
操作	当(C xor N) = true,PC=LABLE;当(C xor N) = false 或 LABLE=未设置,PC=PC+1	
操作码	0xA0 | N | C (N = 0,8;C = 0−7)	

表 A-18　指令 SKIPS,C

名称	SKIP S,C	描　述
功能	条件跳过指令	条件C时跳过S指令(其中条件C可以被否定:N=1)。当条件(C xor N)为真,跳过下一条S指令,转而执行下一条指令。如果S=0,重新执行条件跳转(即繁忙的循环,直到条件为假)。跳过命令缓冲区的最后一条指令导致暗示一个STOP命令
操作	当(C xor N) = true;PC=PC+S+1。当(C xor N) = false;PC=PC+1	
操作码	--	

表 A-19　指令 STOP

名称	STOP	描　述
功能	停止程序执行	SSTOP指令停止CSP程序的执行
操作	停止执行	
操作码	0xD2	

表 A-20　指令 SNOP

名称	SNOP	描　述
功能	无操作	在下一条指令继续操作
操作	PC=PC+1	
操作码	0xD0	

表 A-21　指令 SRXON

名称	SRXON	描　述
功能	为RX使能并校准频率合成器	SRXON指令声明输出FFCTL_SRXON_STRB来为RX使能并校准频率合成器。在执行下一条指令之前指令等待无线电确认命令
操作	SRXON	
操作码	0xD3	

表 A-22　指令 STXON

名称	STXON	描　述
功能	校准之后使能TX	校准后STXON指令使能TX。在执行下一条指令之前指令等待无线电确认命令。如果设置了SET_RXENMASK_ON_TX就设置RXENABLE中的一个位
操作	STXON	
操作码	0xD9	

表 A-23　指令 STXONCCA

名称	STXONCCA	描　述
功能	如果CCA表示清除一个通道使能校准和TX	如果CCA表示清除一个通道,校准后STXONCCA指令使能
操作	STXONCCA	
操作码	0xDA	

表 A-24　指令 SSAMPLECCA

名称	SSAMPLECCA	描　述
功能	采样当前 CCA 值到 SAMPLED_CCA 中	当前 CCA 值写到 XREG 的 SAMPLED_CCA 中
操作	SSAMPLECCA	
操作码	0xDB	

表 A-25　指令指令 SRFOFF

名称	指令 SRFOFF	描　述
功能	禁用 RX/TX 和频率合成器	SRFOFF 指令声明禁用 RX/TX 和频率合成器
操作	SRFOFF	
操作码	0xDF	

表 A-26　指令 SFLUSHRX

名称	SFLUSHRX	描　述
功能	清除 RXFIFO 缓冲区并复位解调器	SFLUSHRX 指令清除 RXFIFO 缓冲区并复位解调器。在执行下一条指令之前指令等待无线电确认命令
操作	SFLUSHRX	
操作码	0xDD	

表 A-27　指令 SFLUSHTX

名称	SFLUSHTX	描　述
功能	清除 TXFIFO 缓冲区	SFLUSHTX 指令清除 TXFIFO 缓冲区并复位解调器。在执行下一条指令之前指令等待无线电确认命令
操作	SFLUSHTX	
操作码	0xDE	

表 A-28　指令 SACK

名称	SACK	描　述
功能	发送未决域清除的确认帧	SACK 指令发送一个确认帧。在执行下一条指令之前指令等待无线电确认命令
操作	SACK	
操作码	0xD6	

表 A-29　指令 SACKPEND

名称	SACKPEND	描　述
功能	发送未决域设置的确认帧	SACKPEND 指令发送一个确认帧，未决域设置。在执行下一条指令之前指令等待无线电确认命令
操作	SACKPEND	
操作码	0xD7	

表 A-30 指令 SNACK

名称	SNACK	描　述
功能	中止发送确认帧	SACKPEND 指令中止发送确认到当前收到的帧
操作	SNACK	
操作码	0xD8	

表 A-31 指令 SRXMASKBITSET

名称	SRXMASKBITSET	描　述
功能	设置 RXENABLE 中的位	SRXMASKBITSET 指令设置 RXENABLE 中的位 5
操作	SRXMASKBITSET	
操作码	0xD4	

表 A-32 指令 SRXMASKBITCLR

名称	SRXMASKBITCLR	描　述
功能	清除 RXENABLE 中的位	SRXMASKBITCLR 指令设置 RXENABLE 中的位 5
操作	SRXMASKBITCLR	
操作码	0xD5	

表 A-33 指令 ISSTOP

名称	ISSTOP	描　述
功能	停止程序执行	ISSTOP 指令停止 CSP 程序执行，且声明 IRQ_CSP_STOP 中断标志
操作	ISSTOP	
操作码	0xE2	

表 A-34 指令 ISSTART

名称	ISSTART	描　述
功能	开始程序执行	ISSTART 指令从写到指令存储器的第一条指令开始执行 CSP 程序
操作	PC:= 0，开始执行	
操作码	0xE1	

表 A-35 指令 ISRXON

名称	ISRXON	描　述
功能	为 RX 使能并校准频率合成器	ISRXON 指令立即为 RX 使能并校准频率合成器
操作	SRXON	
操作码	0xE3	

表 A-36 指令 ISRXMASKBITSET

名称	ISRXMASKBITSET	描　述
功能	设置 RXENABLE 中的位	ISRXMASKBITSET 指令立即设置 RXENABLE 中的位 5
操作	SRXMASKBITSET	
操作码	0xE4	

表 A-37 指令 ISRXMASKBITCLR

名称	ISRXMASKBITCLR	描述
功能	清除 RXENABLE 中的位	ISRXMASKBITCLR 指令立即清除 RXENABLE 中的位 5
操作	SRXMASKBITCLR	
操作码	0xE5	

表 A-38 指令 ISTXON

名称	ISTXON	描述
功能	校准之后使能 TX	校准之后 ISTXON 指令立即使能 TX。在执行下一条指令之前指令等待无线电确认命令
操作	STXON_STRB	
操作码	0xE9	

表 A-39 指令 ISTXONCCA

名称	ISTXONCCA	描述
功能	如果 CCA 表示清除一个通道使能校准和 TX	如果 CCA 表示清除一个通道，校准后 ISTXONCCA 指令立即使能 TX
操作	STXONCCA	
操作码	0xEA	

表 A-40 指令 ISSAMPLECCA

名称	ISSAMPLECCA	描述
功能	采样当前 CCA 值到 SAMPLED_CCA 中	当前 CCA 值立即写到 XREG 的 SAMPLED_CCA 中
操作	SSAMPLECCA	
操作码	0xEB	

表 A-41 指令 ISRFOFF

名称	ISRFOFF	描述
功能	禁用 RX/TX 和频率合成器	ISRFOFF 指令立即禁用 RX/TX 和频率合成器
操作	FFCTL_SRFOFF_STRB = 1	
操作码	0xEF	

表 A-42 指令 ISFLUSHRX

名称	ISFLUSHRX	描述
功能	清除 RXFIFO 缓冲区并复位解调器	ISFLUSHRX 指令立即清除 RXFIFO 缓冲区并复位解调器
操作	SFLUSHRX	
操作码	0xED	

表 A-43 指令 ISFLUSHTX

名称	ISFLUSHTX	描述
功能	清除 TXFIFO 缓冲区	ISFLUSHTX 指令立即清除 TXFIFO 缓冲区
操作	SFLUSHTX	
操作码	0xEE	

表 A-44 指令 ISACK

名称	ISACK	描述
功能	发送未决位清除的确认帧	ISACK 指令立即发送一个确认帧
操作	SACK	
操作码	0xE6	

表 A-45 指令 ISACKPEND

名称	ISACKPEND	描述
功能	发送未决位设置的确认帧	ISACKPEND 指令立即发送一个确认帧，未决域设置。在执行下一条指令之前，指令等待无线电接收并解释命令
操作	SACKPEND	
操作码	0xE7	

表 A-46 指令 ISNACK

名称	ISNACK	描述
功能	中止发送确认帧	ISNACK 指令立即阻止向当前收到的帧发送一个确认帧
操作	SNACK	
操作码	0xE8	

表 A-47 指令 ISCLEAR

名称	ISCLEAR	描述
功能	清除 CSP 程序存储器，复位程序计数器	ISCLEAR 立即清除程序存储器，复位程序计数器，并中止任一运行的程序。不产生停止中断。LABLE 指针被清除
操作	PC：=0，清除程序存储器	
操作码	0xE8	

附录B

ASCII表

ASCII 值	控制字符	ASCII 值	控制字符	ASCII 值	控制字符	ASCII 值	控制字符
0	NUT	32	(space)	64	@	96	、
1	SOH	33	!	65	A	97	a
2	STX	34	”	66	B	98	b
3	ETX	35	#	67	C	99	c
4	EOT	36	$	68	D	100	d
5	ENQ	37	%	69	E	101	e
6	ACK	38	&	70	F	102	f
7	BEL	39	，	71	G	103	g
8	BS	40	(	72	H	104	h
9	HT	41	)	73	I	105	i
10	LF	42	*	74	J	106	j
11	VT	43	+	75	K	107	k
12	FF	44	，	76	L	108	l
13	CR	45	−	77	M	109	m
14	SO	46	.	78	N	110	n
15	SI	47	/	79	O	111	o
16	DLE	48	0	80	P	112	p
17	DCI	49	1	81	Q	113	q
18	DC2	50	2	82	R	114	r
19	DC3	51	3	83	X	115	s
20	DC4	52	4	84	T	116	t
21	NAK	53	5	85	U	117	u
22	SYN	54	6	86	V	118	v
23	TB	55	7	87	W	119	w
24	CAN	56	8	88	X	120	x
25	EM	57	9	89	Y	121	y
26	SUB	58	:	90	Z	122	z
27	ESC	59	;	91	[	123	{
28	FS	60	<	92	/	124	|
29	GS	61	=	93	]	125	}
30	RS	62	>	94	^	126	～
31	US	63	?	95	—	127	DEL

其中表中的标识含义如下：

NUL　空	VT　垂直制表	SYN　空转同步
SOH　标题开始	FF　走纸控制	ETB　信息组传送结束
STX　正文开始	CR　回车	CAN　作废
ETX　正文结束	SO　移位输出	EM　纸尽
EOY　传输结束	SI　移位输入	SUB　换置
ENQ　询问字符	DLE　空格	ESC　换码
ACK　承认	DC1　设备控制 1	FS　文字分隔符
BEL　报警	DC2　设备控制 2	GS　组分隔符
BS　退一格	DC3　设备控制 3	RS　记录分隔符
HT　横向列表	DC4　设备控制 4	US　单元分隔符
LF　换行	NAK　否定	DEL　删除

参考文献

[1] 王小强，欧阳骏，黄宁淋. ZigBee 无线传感器网络设计与实现[M]. 北京：化学工业出版社，2012.

[2] 姜仲，刘丹. ZigBee 技术与实训教程——基于 CC2530 的无线传感网技术[M]. 北京：清华大学出版社，2014.

[3] 李文仲，等. ZigBee2007/PRO 协议栈实验与实践[M]. 北京：北京航空航天大学出版社，2009.

[4] 郭渊博，等. ZigBee 技术与应用——CC2430 设计、开发与实践[M]. 北京：国防工业出版社，2010.

[5] 瞿雷，刘盛德，胡咸斌. ZigBee 技术及应用[M]. 北京：北京航空航天大学出版社，2007.

图书资源支持

感谢您一直以来对清华版图书的支持和爱护。为了配合本书的使用，本书提供配套的资源，有需求的读者请扫描下方的“书圈”微信公众号二维码，在图书专区下载，也可以拨打电话或发送电子邮件咨询。

如果您在使用本书的过程中遇到了什么问题，或者有相关图书出版计划，也请您发邮件告诉我们，以便我们更好地为您服务。

我们的联系方式：

地　　址：北京海淀区双清路学研大厦 A 座 707

邮　　编：100084

电　　话：010－62770175－4604

资源下载：http://www.tup.com.cn

电子邮件：weijj@tup.tsinghua.edu.cn

QQ：883604（请写明您的单位和姓名）

资源下载、样书申请

书圈

用微信扫一扫右边的二维码，即可关注清华大学出版社公众号“书圈”。